5大領導現場，顧問就在你身邊

21堂主管必修的帶人學

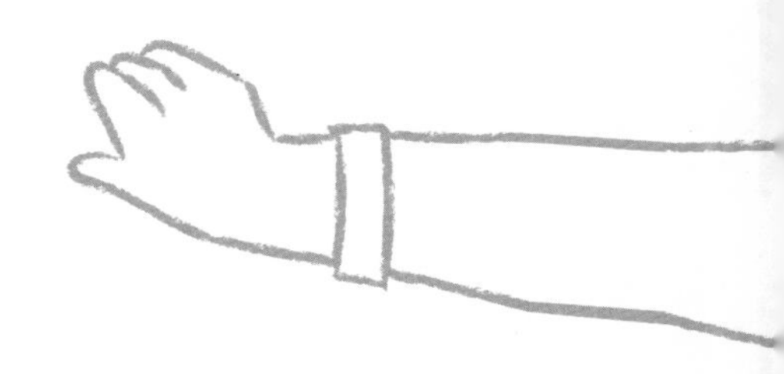

EMBA雜誌編輯部 採訪撰文

目錄

Part2

當部屬不想溝通時

Part3

當部屬卡關時

Part4

當部屬開始比較時

Part5

當部屬覺得工作一成不變時

編者序

影響一個人，是你最珍貴的特權

EMBA雜誌主編 陳映華

「在管理上，最讓你心累、最讓你困擾的是什麼？」如果你問所有主管這個問題，幾乎大家都會提到跟「人」有關的事情。因為人是影響事情最後成果的重要關鍵，「帶人」也正是主管最重要的工作。

人也許很難懂、很複雜，但是人的創意、潛力、韌性卻也無限。

當部屬覺得「目標訂太高了」，你要怎麼激勵他？當部屬跟你說「我沒有任何想法」時，你應該怎麼溝通才能繼續討論下去？當部屬因為專案突發狀況太多，而「進度又落後了」，你該如何支援與協助他？當部屬認為「為什麼他有，我沒有」，開始互相比較時，你要怎麼阻斷這樣的惡性循環？

當主管，從來都不是一件容易的事。這是在編輯這本書時，最深刻的一個感受。

然而，全球最具影響力的領導大師葛史密斯（Marshall Goldsmith）曾這樣形容：每位主管都有一個珍貴的特權，那就是幫助部屬成長，影響他的人生。

事實上，在我們的一生中，或多或少都會遇到幾個影響自己很深的人。可能是學生時期的某一位導師，或是在工作上遇到的某一位同事。閱讀這本書之前，或許可以試著先回想一下，在你的生命中，有哪些人給你很深刻的影響，他們讓你學習到了哪些寶貴的事情？

當我們去思考，自己是怎麼因為某一個人，產生了什麼不同以往的力量時，也許對於應該怎麼協助、怎麼陪伴部屬，會有更深刻的體悟。

作為台灣最資深的管理雜誌，二十一年前，ＥＭＢＡ雜誌開始推出「顧問區」專欄。每月幫主管提出一個在管理上碰到的問題，並請教專業顧問或是領域專家，幫助主管解答這些困惑。這個專欄引起許多迴響與討論，相當受到主管的歡迎。

部屬說他做不到時、部屬不想溝通時、部屬卡關時、部屬開始比較時、部屬覺得工作一成不變時，你該怎麼辦？針對這五個最讓主管頭痛、挫折的管理現場，我們精選並重新編輯了，二十一位專業顧問提出的實用建議，以及他們給主管的真心話，希望協助你成為更好的領導人。（這裡要特別感謝本書這二十一位顧問，謝謝你們分享寶貴的經驗與智慧。）

如果你希望未來能成為主管，或是你是一位新手主管，這本書會像是你手中的一份導覽地圖，告訴你未來可能會遇到的狀況，幫助你學習一些管理知識，做好準備。如果你已經是主管，這本書會像是一個放在辦公桌上的管理工具箱，讓你在面對不同管理情境時隨手翻開，找到可能應對的方法。

如果你是老闆或是高階主管，這本書會是一份好禮物，你可以送給公司的重要幹部這本書，讓他們知道你很在乎他們，期待團隊一起成長。

作家維瑟爾（Elie Wiesel）說：「在問題（question）這個字中，藏著一個美好的詞彙：追尋（quest）。」我想用這句話，來介紹「21堂主管必修的『帶人學』」這本書。每一個問題背後，其實都有一顆開放的心，提出問題，是為了追尋更好的做法。

直視問題與挑戰，去嘗試可能的答案和做法，去創造可能的改變和影響。希望這本書讓你的追尋之旅更順利！

第一部

當部屬說他做不到時

「目標訂太高了啦！」
「為什麼是我負責這個專案」

TIPS

如果你想造一艘船，不是告訴他怎麼蒐集木頭，而是引發他對海洋的渴望。

01.

如何激勵部屬接受新挑戰

群仁管理顧問公司總經理　馮仁厚／主答

為了培育員工，我選了幾位表現良好的部屬，給他們一些新的挑戰。有一位員工卻表示，現在的工作很好，不想接受新挑戰；另一位則認為自己還沒準備好。我該怎麼做？

當主管要賦予員工新的挑戰時，他選擇拒絕，探究其中原因，第一個可能就是彼此缺乏信任感。在信賴關係還未建立的時候，人們比較不容易用正面角度來看事情。當員工看見工作負荷增加，很可能就不會相信這份工作具有發展性，能幫助他成長，他就不會願意投入。第二個原因是，員工的自信心不足。他覺得自己缺乏勝任這份挑戰的能力，所以害怕改變。第三個原因是，員工過去可能有相關的失敗經驗，讓他害怕會發生相同的狀況。例如，可能過去他很努力想要表現，卻做不好而被別人取笑，因此變得比較保守。

奇異前任執行長威爾許（Jack Welch）曾說過，主管每天最重要的一件事，就是去檢查員工們有多少自信心，以及檢查自己所做的每件事，是不是都在培養員工的自信心。當一個人擁有自信心，他才有勇氣去接受新挑戰和承擔風險。

員工自信心的來源，通常來自他做的工作被主管肯定，或是他的努力被看見。如果員工有擅長的能力，主管應儘量讓他發揮所長，讓他從成功經驗中建立起自信心。之後，就算他覺得這個工作很具挑戰性，也會願意試試。

讓缺點不生作用

每個人都有長處，也有短處，但我們常常只注意短處。**有很多主管常心想，如果可以幫員工改掉缺點，這樣他就很好了。事實上，當你越想去改掉一個人的缺點，他就會更沒有自信心。**因此要讓員工有自信心，就要從正面出發，看員工好的那一面，並不斷去強化它。

而對於員工的缺點，主管要做的是想辦法讓那個缺點不生作用。因為人的長處與缺點都是隨著這個人同時存在的，當員工的缺點出現時，主管要做的是去承擔風險和麻煩，讓缺點不生作用。

例如，有的員工可能很會跑業務，卻不擅長寫業績報表等文書作業，常在這方面出錯，主管就要多承擔一些提醒與幫他導正的工作，或者請其他員工協助他檢查報表，讓他專心發揮長處衝業績。目的就是布置一個舞台，讓員工可以好好表演。如果主管一直挑戰員工的缺點，員工的士氣就會越來越低落。

此外，主管必須讓員工覺得，這份工作是有前途和希望的。著名小說「小王子」裡面提到，如果你要讓一個人去造一艘船，不是告訴他，要先去蒐集木頭，再如何捆木頭、敲鐵釘，而是要去引發他對海洋的渴望。

有一家證券投顧公司的董事長為了說服員工取得某個證照，自己以身作則，花了六個月時間通過考試取得證照。員工們雖然很替他開心，卻仍然沒有行動。

探究原因後他發現，這是因為員工沒有看到考取證照後的希望。於是，他換個方式，與大家討論在現在的環境下，要如何做才能過年薪一千萬的生活，達到的方式又有哪些。當他們分析完現況、勾勒出願景之後，他發現員工們都很心動，不久後就一個個跑去考證照了。

想激發員工對工作的希望，這是主管可以運用的一種方式。例如，主管可以向員工說明，這項工作背後有什麼意義和價值，以及這項工作跟公司未來發展的關係，並且讓員工知道完成這項工作將有助於員工的能力或升遷。

甚至，主管也可以反過來，聽聽員工到底想要什麼，在他人生中想要完成的事情又是什麼，以及他對工作的期許。如果剛好這份工作與他要發展的方向一致，主管就可以順著這個方向，點燃他對這份工作的希望。

當員工的想法與公司不同時

有時候，主管與員工溝通後，很可能會發現，員工的人生目標明顯和公司所期待的發展方向不同。例如，員工認為，家庭生活才是他最在乎的，工作只是為了有一份薪水，他並不期望可以發展到更高的層次。而且對他來說，如果花太多時間在工作上，可能無法兼顧家庭。

這時，對主管最有用的工具就是透過問好的問題，來啟發員工的思考，使他覺察到他原有的假設和限制，再讓他自己決定是否要改變。因為只有當他發自內心願意改變時，他才會真正改變。

例如，當員工表示，如果接受新的挑戰，可能會讓他無法兼顧家庭，這時，主管可以進一步詢問員工：「什麼因素讓你認為，接受新的挑戰可能會影響到家庭生活？」如果員工表示，因為這會讓工作量增加，主管可以分析給員工聽，他可以如何引導他熟悉工作內容，或調整其工作組合，讓他可以儘快上手，以在相同的時間內完成工作。又或者，在頭一兩個月，主管可以加派其他員工支援他，協助他更快上手。

透過這些深入溝通，主管能充分了解員工的需求和擔憂，進而打破員工既有的假設和限制，員工也會比較願意接受新的挑戰。

這是你的船

在一些公司裡，可能一直以來都是由主管決定大小事，日子久了，員工就會認為，要改變現況是主管的責任，和自己無關。因此，當主管希望員工接受挑戰時，員工就會卻步，因為他們的能力沒有被培養起來。因此，主管在平時就應培養員工建立自信心和能力，並勇於接受挑戰，讓員工知道他們是有改變的能力。

例如，在「這是你的船」一書中，作者艾伯拉蕭夫是一位美國海軍艦長。他剛接任時，對軍艦上所有的官兵，每個人花十五分鐘跟他們對談，問他們三個問題：「你喜歡這艘船的什麼地方？」、「你不喜歡這艘船的什麼地方？」、「如果可以改變，你想做什麼？」目的就是在啟發員工主動找出可以改善的空間，訓練員工獨當一面、持續改善的能力。

當有人提出很好的建議時，艾伯拉蕭夫就會打開擴音器，讓部屬自己跟全軍艦的人說明這件事情該怎麼做。接著，他馬上下令讓大家著手進行改變。結果，所有人都因此被鼓舞，覺得要做出改變是有可能的。這些官兵們不僅建立了自信心，對於改善這件事也更有參與感。

接下來，只要部屬來表達某件事應該怎樣做，他會問對方：「為什麼我們需要這樣做？」若對方回答他，因為我們一直以來都是這樣做。他就會說：「這個不夠好，你再找找看有沒有更好的方法。」到後來，大家都知道他一定會問這些問題，因此事先就準備好答案。

透過這個方式，他激發部屬主動思考和解決問題的能力，啟發他們發現工作的意義在哪裡。當部屬知道為什麼要這樣做時，就會知道該如何把事情做好，能力也會被培養出來。

5個問題，培養部屬勇於改變的能力

- 你喜歡（這份工作的）什麼地方？
- 你不喜歡（這份工作的）什麼地方？
- 如果可以改變，你想做什麼？
- 為什麼我們需要這樣做？
- 除了這個方法，還有沒有其他更好的方法？

好主管就是好教練

一個好的主管其實就是好的教練，最重要的就是要會問好問題，去啟發部屬的潛能。

主管要幫助員工在工作上建立信心，可以運用提問和給予回饋的技巧，協助部屬把工作做得更好。

問好問題的定義是，可以啟發人們的覺察能力與責任感，例如前述艾伯拉蕭夫問的三個問題，就是好問題。他的部屬必須觀察與自己工作聯結的人事物及環境，並且願意主動負起完成任務的責任，才有辦法回答這幾個問題。

又比如，網球教練在教球員打球時，如果球員表現不好，教練問球員：「你為什麼不看球？」或「為什麼拍子不揮高一點？」這樣的問題很難幫助球員改善現況，通常聽到後只會覺得自己被責備了。

如果今天教練問的是：「球向你飛過來的時候，是往哪一個方向轉？」球員就會開始去觀察，球到底是往哪個方向轉。接著，教練再進一步分析，假如球往前轉，代表落地後會加速；往後轉，球在落地後會往上跳或往後跳。這樣的問題，才是好的問題。

創造對話空間

關鍵在於，問題本身必須是開放式的問題，不是封閉式的問題。開放式的問題，能讓部屬有表達意見的空間，這樣他就比較容易回答，並且能啟發他跟你的對話，對他有更多的了解。

封閉式的問題不是完全不能用，而是建議只有在主管希望員工做選擇時使用，例如當員工有很多建議，主管要幫助他選擇，可以詢問他：「Ａ比較好，還是Ｂ？」之類的封閉式問題。

回饋是無論員工做得好或不好，主管都要立即給予的回應。例如，當員工做得很好時，主管要給予讚美或鼓勵，強化員工信心；如果員工做得不夠好，在給予回饋時，主管則要指導他應該如何做才是更正確的方向，而不是責備他。在員工做得不夠好的地方，主管可以請他停下來，告訴他這個部分好像做錯了，並教導他正確的方式，請他再做一遍。這麼做能讓他知道，該怎麼做會更好，他才會進步。

總結來說，要讓員工勇於接受挑戰，除了要建立起信賴關係外，更重要的是，主管應透過正面對話，幫助員工在工作中建立起信心，以及啟發員工對工作產生熱忱和期望。

顧問小叮嚀

激勵部屬接受挑戰之前……

- □ 是否了解員工對工作的期許、他希望達到的目標？
- □ 員工是否知道工作背後有什麼樣的意義和價值？
- □ 是否能讓員工發揮所長，協助建立自信心？
- □ 當員工做錯時，是否以不批評、不責備的方式指導？
- □ 是否儘量發揮員工的優點，並讓他的缺點不生作用？
- □ 是否以開放式問題，引導員工發現需要改善的地方？
- □ 當員工完成工作時，是否即時給予回饋的意見？

一點筆記

....

....

....

....

....

02.

員工總是推託工作該怎麼辦？

智緯管理顧問公司總經理 張敏敏／主答

分派某一類任務給A部屬時，他總會找藉口推託，甚至突然請假，我只好找其他人負責。我知道A的行為會為團隊帶來負面影響，不過他在其他方面的表現都不錯，我該怎麼做？

在職場上，部屬推託工作，是許多主管常碰到的狀況。然而，通常事出必有因，部屬會有這樣的反應，往往是因為他碰到了一些狀況。主管若只看到部屬拒絕做事，就直接認定部屬在找麻煩，可能會導致部屬的心結變得更大，工作意願更低。

相反的，遇到這種情況，用理性的態度與部屬深入溝通，會比用情緒性的字眼對話，更能解決問題。主管可以冷靜下來，與部屬進行一對一談話，了解他不想做這件事的原因。化解他的心結，才能進一步激發部屬的工作動機，讓工作順利進行。

首先，主管必須釐清，部屬不做這個任務，是因為專業沒辦法應付，還是現在工作壓力已經很大，又或者是薪水不符合期望？了解背後原因後，就要與部屬共同找出解決方法。

如果是專業能力不足，就為他安排教育訓練，補足技能上的缺口；如果是因為現在工作壓力已經很大，就應重新檢視他的工作量，是否需要將一些工作交給其他人做；如果是薪水不符合期望，可以考慮給予激勵獎金，或是適當地調整薪水。

不能，不想，還是不敢？

然而，問題也可能不是出在工作上，而是因為生活上的私事。我曾經遇過一位部屬，因為要照顧生病的家人，沒有辦法再接其他的專案。因此，主管需要先去了解，部屬行為背後的原因。

假如主管已經假定，某位部屬是故意推託工作，就很難有動力去協助部屬改變。但若是主管先去相信部屬不是故意的，而是有苦衷，並且去了解背後原因，往往能讓部屬獲得力量，更願意付出。

相信部屬，試著體諒他，當主管拋開對部屬先入為主的看法，部屬也會比較容易去認同主管的想法與公司文化，因而能夠提升部屬的穩定性。

以下針對部屬可能提出的三種狀況，提供主管領導時應注意的原則，以及可以採取的行動方式：

狀況1：不能做
部屬因為面臨一些狀況無法去做

有時候，部屬是因為家裡有事，不能做這些工作，而必須把這個任務轉交給其他人做。這種情況下，部屬的心理壓力往往是最大的，因為沒有人希望自己被取代。當他們把工作交給別人做，心裡也會害怕自己以後無法獲得更多機會。

處理這種問題最好的方式就是，團隊聚在一起開會，請這位部屬將工作列出來，告訴大家哪一部份的工作需要幫忙，看看同事們願不願意認領。

用客觀的角度把工作提出來，列出工作的截止時間，讓同事們認領。如果沒有人認領，就由主管安排，由工作性質比較相似的同事幫忙。

若可以分派給同事的部分都已經分出去了，但還是有必須完成的工作，這時候主管可能就要跳出來承擔這部分的工作。

狀況2：不想做

部屬不想增加新的工作量

假設部屬現在手上已經有一個專案，因而不想再做另外一項任務，主管便可以評估，這兩項任務的重要性，哪一個比較急迫，讓部屬一次先完成一項。

然而，若兩項任務都一樣重要，需要在同時間交出來，可以考慮讓部屬和另外一名同事組成團隊，共同完成任務。

過程中若碰到問題，應鼓勵這位部屬提出來一起討論，但主管必須要公平地處理，也應讓部屬知道，這是他份內的工作，他也要付出時間來做這件事，不能因為認為自己很忙，想抽手就抽手。這是他的工作職責，他就必須負責到底，若讓他僥倖逃過，一旦開了先例，下次他就會產生逃避的心態。

如果部屬明明能做，卻不想做，也沒有提出充分的原因，還增加了其他人的工作量時，主管可以表示自己尊重他的決定，但也必須告知，請他接受可能的後果，例如，可能會反應在績效指標上。

狀況3：不敢做
部屬不敢嘗試新的工作內容

隨著環境的改變，有些員工的職務內容可能也面臨轉型和調整的必要。然而，面對職務內容的變化，有些人卻因為害怕改變，或認為這不是進公司時說好的工作內容，不想嘗試新的工作。

遇到這種狀況，建議主管循循善誘，先在觀念上予以開導。然後，從他習慣的領域延伸，做新的學習。例如，他如果是財務背景，就可以讓他支援一個新的專案，但是主要負責採購、成本計算等。

一開始就訂出「基準點」

主管應牢記，面對管理議題時，最需要強調的是「公平性」。不論員工狀況為何，都必須在主管可以接受的管理範圍中進行，因此，主管必須訂出自己的「基準點」（baseline）。

基準點就是主管的管理原則，這原則不是公司規定的，而是在領導團隊時，主管心中的那把尺。帶領團隊時，若原則不夠清楚，就會讓部屬有越界的風險。如果一開始沒有嚴格地畫好底線，部屬越界以後，當他發現有用，就會養成習慣。

想要避免部屬出現這樣的行為，主管可以在一開始就訂下基準點，讓部屬知道你的底線在哪裡。

例如，「準時」就是一個常見的基準點。因為準時背後代表的就是紀律，一個守紀律的人，在各方面來說，需要主管操心的地方都會比較少。相較於公司所訂的規則，基準點比較像軟性管理，可以保留一點彈性空間給部屬，但又提供部屬一個方向，讓部屬明瞭主管在意的管理要點，在一定的範圍內讓部屬有所依循。

基準點不需要設太多，大概一兩個就很足夠了。若有太多的原則，容易讓部屬覺得主管很龜毛。而在設立這些原則後，也可以詢問部屬意見，看看他們有沒有想要討論的地方。

主管也要注意，點要踩好、踩穩，不能讓部屬越線。否則其他部屬看到可能產生不滿，認為：「為什麼他可以，我不行？」接著有樣學樣，就容易也表現出偏差的行為。

另外，建議每家公司對於每個職位內容，都要有職務說明（job description, JD）。通常在確認錄取後，直屬主管會將工作內容列出，並在人資的陪同下向部屬說明。主管可以在此時鼓勵部屬，若是有想要釐清或討論的地方，可以直接反應。

很多公司在面對職務說明時會遇到的困難是，隨著環境的變動，工作內容會一直改變，增加列出工作描述的困難程度。

例如，公司打算進行組織重整，將某些業務流程數位化，因此希望將財務部經理暫時調到資訊部工作，與資訊部的人員一起協作。

要補充說明的是，面對這樣的職務改變，可以讓部屬形成「自主工作團體」。主管協助這兩個部門，列出資訊部要做什麼、財務部要做什麼，再溝通是否有需要調整的地方。這種由團隊自發設計工作，在沒有明確管理者的情況下，由團隊成員反應工作條件，然後每個人自主管理，是一種反應變動市場的做法。

用價值觀領導

想要讓部屬自動自發地完成任務，主管可以從提升部屬對公司的「認同感」著手。所謂「認同感」就是，員工會以公司的價值觀為自己的價值觀，並且以公司的理念和想法來定義自己。例如，公司如果講究誠信，員工就會以此自處，並在業務上遵守諾言，在溝通上留意承諾。這就是為什麼我們看到有些公司會將格言或價值觀，掛在公司的牆上、貼在部屬看得到的地方。藉由這種潛移默化，讓公司在意的事，變成部屬在意的事。

當部屬用公司所在意的事來定義自己，他會比較容易變成「變形蟲」，依照市場的需求，改變自己的「認定」。他們會用這種「認定自己是公司的一份子，並認定自己該做什麼事」的想法，彼此凝聚，與其他同事一同合作。

當主管用價值觀來管理部屬，像是詢問部屬：「我們有做到對社會貢獻嗎？」會比用單純的目標式管理，像是「我們應該達成一百萬元的業績目標」，更容易讓部屬產生認同。當一個領導人沒有用價值觀教育部屬，就很難讓部屬認同。這麼一來，當危機出現時，領導人最大的考驗就變成帶不動部屬。

然而，想要增加部屬認同，一個關鍵是，公司的最高領導者必須以身作則，並且說出公司的故事，讓故事在公司裡面傳開來。有些公司會設計一個標誌或圖騰，在公司傳播符號或圖騰的意義。另外，公司也可以從制度上著手，例如，設計一個新機制，只要做出符合公司理念的行為，就能獲得嘉獎。

透過這些做法，能幫助公司建立部屬的認同感。當部屬將企業的價值觀當成自己的價值觀，自然就不會想著推託工作，而是會想辦法把事情做到更好，更盡心地實現公司價值。

顧問小叮嚀

5步驟，讓推託工作的部屬動起來

- □ 找出部屬推託的原因：是不能做，不想做，還是不敢做？
- □ 以「參與原則」，讓其他同事協助有狀況的同事完成任務。
- □ 訂出「基準點」，讓部屬知道該遵守什麼原則。
- □ 以「價值觀」領導，增加認同感。
- □ 用故事與機制，傳播並推動符合公司價值觀的事。

一點筆記

03.

如何讓部屬獨當一面

光點國際管理顧問公司總經理 曾郁卿／主答

工作中各種大小事，部屬總依賴我的建議，每件事都要先詢問我後，才開始動作，結果我的工作時間越來越長，也越來越疲憊。有哪些方法，可以讓部屬能夠獨當一面？

「為什麼我的員工不能獨當一面？」如果主管有這樣的疑惑，建議先思考，員工獨當一面，對整個團隊有什麼好處？而又是什麼原因讓員工無法獨當一面？

員工會加入你的團隊，一定是因為你看到了他們的優點才請他們加入。而他們加入公司，自然也是期許自己能有所作為。無法獨當一面，也許員工比主管更難過。

當主管有這樣的疑問，一定是因為看見了問題。要注意的是，問題不僅只來自員工，很多時候也來自主管自己。主管造就了團隊，在團隊當中，我們都是結果的共犯。當主管想要改變團隊時，其實也必須要改變自己。

解決問題的第一步來自察覺。建議主管可以先自我反思，自己的哪些行為或工作習慣，可能造成員工無法獨當一面？是不是有些事情不該做，你卻一直做；或者有哪些事情該做，你卻從來沒做，而導致了這個結果？一般來說，常見的情況有以下三種：

情況一：主管容易急躁或生氣。這樣的主管會讓員工感到害怕，員工會擔心自己給了錯的答案，或做錯事，自然選擇少說少做，不做不錯。

情況二：主管是濫好人。主管覺得員工做得不好，但又不敢請員工重做，只好全部自己做，然後工作越來越多，自己也越來越累。這麼一來，不僅員工能力沒有提升，也養成員工無法獨立完成工作的壞習慣。

情況三：主管微管理。每一個細節主管都想知道，掌控的欲望很強。主管希望員工一切以主管的做法為標準，無法忍受模糊不確定的事情，因此想要控制員工。當主管沒有把自己的角度拉高在員工之上，讓員工自主，久而久之，員工會想，既然主管每個細節都會修改，那就都讓主管去改，漸漸開始不去思考。

當主管察覺自己的問題，明白自己也應該為今天的結果負責任後，才會想啟動新的行為，讓這樣的結果不再發生。

信念，行為，結果

在教練的過程當中，有一個常運用到的概念：**信念影響人的行為，行為創造結果**。這是人類自然的行為模式。

有個故事是這樣的：有兩位業務人員被老闆派到非洲賣鞋。到了非洲之後，A業務人員想：「老闆為什麼叫我來這裡，這裡根本沒人穿鞋。」他的信念是，沒有人穿鞋等於沒有生意，因此他立刻飛回去，結果就是零業績；相反地，B業務人員到了非洲後，同樣發現沒有人穿鞋，但他的想法是：「這是無限商機。」所以選擇留下來，也就有產生成果，賣出鞋子的可能性。

有的時候，我們可以試著從結果反推回去，思考如果要達到某種結果，我們應該做什麼，應該改變哪些思維與想法。

假設有一位主管問：「為什麼我的員工不能獨當一面，高度依賴，事事都要請示我，不思考，也不想做決定？」

我會問他：「什麼原因導致他們這樣？」

主管：「可能因為他們做得不夠快，也不夠好，有些員工甚至不會做。但是教他們又要花好多時間。」

我問：「那麼你想要達到的是什麼成果？」

主管：「我想要可以獨當一面的員工。」

我問：「你認為獨當一面是什麼意思？」

主管：「獨當一面是可以獨立的思考判斷並做出決定，勇於冒風險，願意嘗試創新，能因為成功或錯誤有所反思與學習。」

我問：「你認為需要做哪些事，才能讓這樣的結果發生？」

主管：「也許我可以多花一些時間跟他們相處，多問些問題促進他們思考，和他們一起腦力激盪，把他們犯的錯當成學習的機會，和他們一起共創、共學。」

事實上，在很多公司裡都可以看到類似這樣的主管。主管覺得教導員工需要花很多時間，還不如自己把事情趕快做完，最後事情雖然很快處理了，但員工卻沒有任何學習。這樣的情形，日復一日，最後，主管也受害於自己的過度忙碌。如果我們回頭來檢視這個行為模式的結構，會發現

「自己做比較快」的信念，讓這位主管的行為變成事必躬親，最後創造的結果就是累死自己，員工也沒有成長。

當主管不喜歡這個結果，就要思考，自己想要的成果是什麼？從結果反推回去，自己可以做什麼事情，來讓結果不一樣？於是，主管思考他心裡理想團隊的樣貌，以及自己可以做哪些改變，使團隊變成這樣。

若主管能了解，發展員工是一位領導人的重要職責，當員工做不好的時候，就會選擇運用教練或是引導方式，協助員工自行解決問題，而非幫員工解決事情。如此，員工才會有機會開始自主思考，最終也才能有機會獨當一面。

運用雙贏思維

除此之外，主管也可以運用某些做法，協助員工更願意獨當一面。

柯維博士（Stephen R. Covey）在「與成功有約」一書中，曾提出雙贏思維的概念。主管在交辦工作給員工時，不妨運用雙贏協議，來達成更好的結果。

✓第1步：共同討論結果

主管從公司的角度出發，給員工一項工作，說明要達成的明確目標、衡量最後成功與否的指標，以及一個明確的完成期限。

接著，主管也要問員工，做完這件事會為他帶來哪些成果，屬於他的「贏」是什麼？員工可能回答，做成這件事會為自己帶來很大的成就感，也會明白原來自己還有更多的可能性。這麼一來，員工知道主管要贏什麼，主管也知道員工要贏什麼。

✓第2步：說明明確的規則

主管告訴員工，員工做的這件事必須符合公司哪些ＳＯＰ、政策、原則。專案必須在這些規則之下進行，公司才會認可。

✓第3步：提供資源和支援

主管向員工說明，自己將提供哪些資源、人力、預算；員工也可以

雙贏協議

指派工作給員工時，不妨運用雙贏協議，來達成更好的結果。

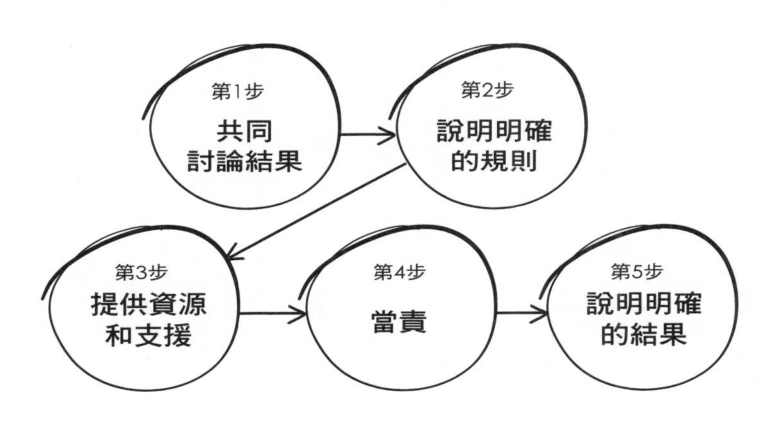

來源：柯維博士（Stephen R. Covey）「與成功有約」一書

提出，如果要完成此工作，他會需要哪些協助。

✓第4步：當責

當責（accountability）指的是為最終的結果，負起完全的責任。這項專案當中，主管和員工都有各自要負的責任。主管並不是指派工作給員工之後，就等著最後一天驗收成果。應該在過程中設定里程碑，設定多久檢視一次工作進度。在檢視工作進度時，主管也應該給予員工回饋。

✓第5步：說明明確的結果

主管向員工說明，專案成功

之後，員工會獲得什麼，也許有機會提升自己在哪方面的能力，也許會提升自己的影響力。此外，也必須說明，如果沒有做到又會產生哪些結果，例如，也許將來公司分配給他的任務，暫時就不會比這次的規模更大。讓員工了解，做到了以後會有哪些成果，做不到可能又會產生哪些代價。

當員工熟悉以上資訊時，主管可以再接著問員工，接下來他要如何進行。當員工列出計畫表之後，主管在每個時間點與員工一同檢視工作狀況。當員工參與整個專案討論的過程，他對這個專案的擁有感就會提高。建議這份雙贏協議先由員工草擬，主管再一起和他討論，最後兩個人都簽名表示同意。

能力與意願的挑戰

針對員工無法獨當一面，主管除了檢視自己之外，也必須思考，員工是不想做，還是不會做？如果是不會做，主管就要提供相關的教育訓練。正因員工有不同等級的能力，區分員工能力也是主管一項重要的工作。區分能力越高的主管，越容易帶出優秀的團隊。在區分時，主管就像是一把瑞士刀，觀察員工是什麼情況，擁有什麼能力，根據他的狀況，給予最合適的管理。要做到這些，主管必須願意投入時間，樂於對人保持一定的興趣，也要能夠察覺讓員工緊張和有動力的因素。

在所有員工當中，有能力但沒意願的員工，會是主管最需要優先處理的。除了主管之外，整個團隊或組織是否給予支持，也是一大關鍵。也許員工曾經想做什麼，被高階主管拒絕；或者他努力做了什麼，但沒有人在乎。改變自己、改變團隊、培養員工能獨當一面，都需要相當時間的投入，若整個團隊或有某些人不支持，往往很容易又走回事事由主管決定的情況。

此外，主管相不相信員工，也是挑戰之一。教練有一個信仰是，相信人是可以的。只要給他時間和支援，人會為自己的問題找出解法，而且他對自己的解法會非常有承諾去執行。

柯維博士的「第八個習慣」一書當中提到，把別人最好的一面帶出來，是身為領導者一個很高的境界。身為主管，你是否相信員工可以自己找到更好的方法呢？相信了，是否有時間和耐心讓他去找出呢？在這個高速變動的環境之下，若真的無法給予太多時間和耐心，建議主管可以運用自己的經驗提供員工一個架構，幫助他更快找到方法。

如果主管相信自己是最好的，就算他帶領的團隊有一百個人，還是只有一個腦在工作；如果主管認為自己不是最好的，團隊有一百個人，就能有一百個腦在工作。如果每個腦都充分運用，甚至可以產生超過一百的成果。

顧問小叮嚀

為什麼部屬無法獨當一面

- ☐ 部屬無法獨當一面，是否跟我的工作習慣有關？
- ☐ 我應該讓事情快速解決，還是應該培養部屬能力？
- ☐ 我是否了解，屬於部屬的「贏」是什麼？
- ☐ 我是否和部屬一起討論目標與最終結果？
- ☐ 我是否相信部屬，可以找到更好的解決方法？

一點筆記

04.

一推新做法員工就抱怨，該怎麼辦？

品碩創新管理顧問公司執行長 彭建文／主答

公司想導入一套新的服務流程，提升服務品質，但我的部屬卻覺得新流程很複雜，抱怨聲四起。該怎麼做，才能讓大家勇於嘗試新做法，願意擁抱變革？

想要在快速變動的時代生存下去，企業必須持續改變、持續進步，才有機會超越競爭對手。

變革有小有大，小的變革可能是在部門內推行一個新的做法，大的變革可能是事業單位和事業單位的合併。在這樣的情況下，某些人的角色和職掌會有所改變。

然而，許多員工在面對變革的第一時間，通常會抱著抗拒的心態，因為他們：一、已經熟悉了原本的工作；二、需要花時間學習不熟悉的業務；三、在適應過程中，工作難度和工作量可能會隨著增加；四、不了解公司為什麼要做出改變；五、覺得自己能力不足（能力因素佔的比例較小，因為這部分可以透過教育訓練來補足）。

若主管在協助公司推動變革時，發現同仁因上述原因而不願意擁抱改變，不妨運用下列四種方法：

1.不斷溝通，創造危機感

在很多公司，許多新做法都是高階主管說推動就推動，員工往往只能被動接受。雖然推動變革的原因，可能是公司看到了未來的危機或機會，但若**沒有告訴員工原由，只是要求大家接受，很容易引發抗拒。因此，幫助員工擁抱變革最理想的方法，就是溝通，再溝通。**

一般來說，變革大致會分成四個步驟。首先，公司會「召開溝通大會」。開會前，相關人員可以根據事先發放的計畫書，思考開會時想要討論哪些議題。當會議正式開始，公司做的第一件事就是告訴大家，未來我們要進行哪些調整，以及為什麼要這麼做，例如，因為競爭對手採取了某項行動，我們必須進行某些改變。會議時間約一小時，期間公司必須聆聽員工的想法。

第二步，開始展開行動。例如，隨著變革的啟動，某些員工可能會因為輪調而移動到別的部門，名片和文件等行政相關的事物也會跟著一一修改。接著，待變革推行一段時間後，會進到第三步的「舉辦檢討會議」，檢討過程中有哪些地方可以改善。

最後，公司會進行「再次溝通」。再次溝通指的是告訴員工變革的成果如何。例如，變革前，客戶滿意度滿分五分，我們拿了四分；變革後，我們的滿意度上升到四・五分。這些成效同時也是高階主管的關鍵績效指標（key performance indicator）之一。

在變革的四個步驟中，第一、第三，和第四步的重點都是和員工談話，顯示了溝通是變革專案中非常重要的一環。因此，當主管在和員工溝通時，必須特別注意想要傳達的訊息。以下兩點為談話時務必涵蓋的內容：

■**變革的原因是什麼**。主管應該要把變革的層級拉到公司的角度，告訴大家來龍去脈，以及為什麼我們要推動這項變革。

■**列舉成功和失敗的案例，創造危機感**。明確地告訴員工，推動這項變革有什麼好處，不推動又會有什麼壞處。主管不妨列出產業標竿，舉出哪些競爭者因為導入新流程，業績大幅成長；哪些公司則因為拒絕變革，最後走向失敗。也就是說，公司必須為員工創造危機感。

溝通與創造危機感都是高階主管的工作。此外，要特別注意的是，溝通大會必須分部門舉辦，而且不是辦一次就夠了。若公司只辦了一場兩、三百人的大會，那不是溝通，而是宣佈消息。

即便是比較難有討論空間的變革，也還是要創造有雙向溝通的機會。不管溝通的結果如何，公司最後仍會推行變革，但主管必須傾聽大家的想法，在大方向不變的前提下，根據員工的建議調整細節。若公司沒有做到這一點，溝通大會就失去了原本的意義。

2.用提問幫員工調整心態

藉由提問，主管可以幫助員工在平常的工作中，培養樂意改變的心態。舉例來說，有些公司擁有「每年改變一〇%」的文化。員工會在年初時問自己：「和去年相比，我今年可以做出哪一〇%的轉變？」公司將變革轉化為一種共識，植入在團隊的ＤＮＡ裡，讓員工覺得「改變」是必然的事情。

在這樣的文化氛圍中，**主管每年都會問員工：「你今有哪一〇%要改變？」或是「關於明年的專案，你有沒有哪裡，想做些不一樣的改變？」**通常，那些願意每年都嘗試改變的人，就是大家所謂的一流人才。

此外，第三方的協助也是促使員工改變的催化劑。主管和員工相處的時間很長，由於對彼此太過熟悉，員工有時並不清楚，主管是否是認真想要變革，還是只是隨口提到。因此，高階主管不妨尋求外部專業人士的支援，一起協力將變革的想法確實傳達給員工，或是透過提供教育訓練，讓員工了解到公司想要變革的心意，鼓勵他們一起轉換心態。

3.用願景激發企圖心

若公司一直都經營得很不錯，員工抗拒變革的心態反而會很明顯，因為大家認為，現在的狀態已經很好了，沒必要做出改變。面對這樣的情況，公司必須打造一個激勵人心的願景，激發員工的企圖心，讓大家了解，利潤不是唯一的目標。

想要讓願景驅動員工做出改變，它就必須讓同仁擁有一種榮譽感，促使他們願意主動學習和改變。好的願景應該要讓人覺得有點距離，但又沒有這麼遙不可及。此外，公司也要讓員工知道，若想達到願景，大家每年應該做哪些事。

舉例來說，若某家製造業想在五年內，從全球第四大晉升為全球第三大（有點挑戰卻可能達成的願景），第一年，他們便採取行動，挖角競爭對手的業務主管。接著，公司內部的海報和識別證也跟著改變，放上「三年後，公司要從第四大變成第三大」的標語。辦公室的氛圍時刻都圍繞著願景，不論是開月會、季會，或是任何一場供應商大會，所有主管都在討論這件事。當員工執行任何一項任務時，大家都會問：「如果公司要成為產業第三大，我們還可以做什麼？」

只有在員工認同公司的願景時，大家才能長久地走下去。若某位員工對組織缺乏認同感，那麼不論公司是否推動變革，對方早晚都會選擇離開。因此，公司應該創造屬於自己的文化，吸引認同這些理念，擁有相同價值觀的人才加入。

4.建立落實變革的制度

變革只是一個過程，重點是變革後持續落實改變。因此，變革必須伴隨著制度和績效考核，否則變革可能當下成功了，一年過後卻又消失不見。換句話說，**任何一種變革在落地之後，若沒有綁著制度，便無法形成持久的行為或文化。**

舉例來說，若公司的員工在處理事情時，總是依賴直覺與經驗，造成服務品質不斷下滑，為了解決這個問題，公司想推動變革，鼓勵員工運用一套固定的流程來執行任務。

這時，你應該同時建立一項制度，要求大家每年都要運用這套流程，至少完成一項專案，並將這件事訂為一項ＫＰＩ。若這套流程確實能改善員工的工作，久而久之，大家就會漸漸養成習慣，用新的方法執行任務，而不再只是憑著直覺來做事。

此外，若員工能認同，公司每隔一段時間便會推動一次變革，這時，公司便應該設立專人專職來處理變革的事務。因為每次的變革經驗，都是非常寶貴的知識，這些專門負責變革專案的同仁，能協助整理許多推動變革的技巧，讓未來的變革變得越來越好。

由於產業變化快速，現在一家公司小到部門、大到組織，每半年到一年推動一次變革，是十分正常的事情。每家公司都在變革，若員工因為不想改變而離開，去到別的地方，還是會遇到相同的狀況。

因此，公司應該要讓員工了解，每一次的改變都是在協助他們成長。鼓勵他們珍惜，在變革過程中所學到的所有事物，促使大家將變革視為增強能力的機會，而不是一件增加他們工作負擔的麻煩事。

附錄 變革還沒開花，該如何持續下去？

變革所帶來的成功，往往會刺激員工不斷前進，然而，若變革還沒有開花結果呢？

有時，變革的效果可能不會這麼快出現，員工在溝通後雖然先接受改變，但一、兩年過去，大家沒有看到成果，抗拒的心態可能因此變得更加劇烈，讓專案無法持續下去。

當企業遇到這個狀況時，通常會採取下列三種行動：一、尋找外部專業人士協助；二、將專案的層級拉高（例如拉到執行長、董事會層級），繼續推行；三、認為該專案已經失敗，選擇放棄。

因為我們很難以相同的方法，產生不同的結果，因此，若想繼續推動這項變革專案，面對更加抗拒的員工，公司一定要向他們說明，接下來的行動和上次有什麼不一樣。

例如，上次是每半年評估一次效果，這次變成每個月都會進行評估；以前是副總經理負責檢視成效，現在變成總經理執行這項任務。專案負責人和某些團隊成員也要更換，看新的人能不能創造新的結果。

若員工仍懷疑這次的變革，能不能變得比上一次更好，這時，主管可以向員工提出，公司每個月都會設定階段性目標和產出，邀請大家一起檢視專案進度。

換句話說，公司必須向員工傳達一個訊息：「過去兩年或許失敗了，但這次我們會用不同的方式來推動」，說服大家再給公司一次機會。

顧問小叮嚀

推動新做法的5個溝通重點

- ☐ 為什麼我們要改變？
- ☐ 這個改變會對我們帶來哪些好處？
- ☐ 不做這個改變可能產生哪些後果？
- ☐ 持續溝通推動改變的後續新進展。
- ☐ 如果改變不如預期，將會調整哪些方法？

一點筆記

第二部
當部屬不想溝通時

「……」
「我沒有什麼想法」
「我不知道」

TIPS

主管和部屬之間的溝通，不只是光說出來，
還要靠「心」來交談。

05.

如何讓員工在面談時敞開心胸

中華人力資源管理協會常務顧問 王冠軍／主答

績效面談時，我的部屬總是不願講出真正的想法。因此，即使面談了，他們的行為還是跟過去一樣。一對一面談該怎麼談，才能讓他們敞開心胸與我對話？

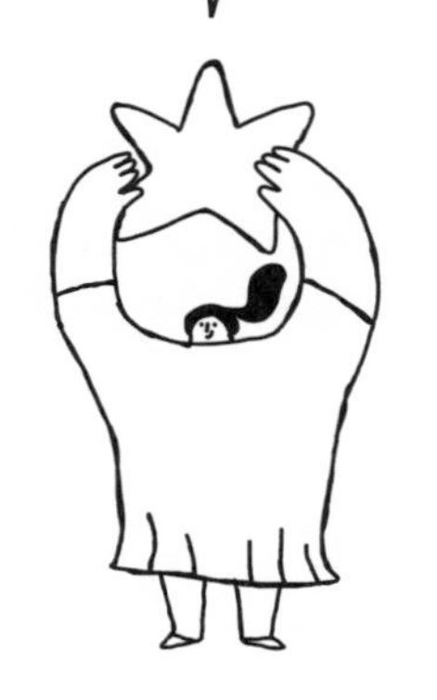

主管和部屬的投入，是順利進行一對一面談的一項關鍵。然而，許多主管的做法是，今天才通知部屬，明天下午兩點到兩點十五分，要到會議室進行績效面談。沒有早一點通知部屬，以及談話時間太短，都可能會讓部屬覺得，主管只是按照公司規定進行面談。若是這種情況，員工當然不會想敞開心胸與你對話。

想要部屬在面談時敞開心胸，主管不妨運用以下一個心態、一個原則，以及一個技巧來處理。

1. 一個心態
當教練，而不是法官

如果主管是抱著檢討部屬過錯，幫對方評個分數的心態，就是不小心讓自己變成了法官（manager as a judge）。法官的工作就是指出過錯，再根據這些過失判刑。若你以法官的姿態和員工談績效，不斷指出他的不是，那部屬會從一開始，就拒絕和你溝通。

因此，**主管應該要轉變心態，不是當一位法官，而是當一位教練**（manager as a coach）。教練的角色是，雖然面談的最後，還是得告訴部屬他的評等是什麼，但重點不是分數，而是怎麼讓對方變得更好。

舉例來說，教練型主管在進行績效面談時，會詢問員工：「假設我們現在是在做下一次的年終績效考核，你覺得自己明年的表現，會比今年更好嗎？」員工可能會告訴你，若環境不改變的話，應該很難做到。這時，主管就可以繼續追問對方：「你覺得我能做哪些事，幫助你做得更好？」

而在問這個問題時，你應該要讓部屬了解，你們正站在同一條船上。主管要告訴對方，由於他是部門的一份子，因此，他做得好，整個部門的表現就會出色；整個部門的表現出色，就代表主管做得很好。當部屬感覺到，你發自內心地想要幫助他時，可能就會告訴你，他真正遇到的問題，或需要的協助是什麼，有可能是資源不夠、人力不足，或是太多限制行動的規定等等。

此外，主管和部屬之間的溝通，不是光靠嘴巴，而是要靠「心」來交談。許多主管都以為，員工不會發現自己是在敷衍他們，事實上，你有沒有用心，他們都感受得到。

舉例來說，有些主管在績效面談時，會告訴對方：「有問題一定要跟我講，你的問題就是我的問題。你現在有遇到什麼困難嗎？」然而，只停頓了一下，他便接著說：「好，沒有問題就好，我想我們都還有工作要處理，那今天就先到這裡。」這樣的對話，往往會讓員工感受到，你根本無心傾聽他的煩惱。

2.一個原則

檢討過去，策勵未來

主管必須釐清，自己到底為什麼要空出時間，和員工進行績效面談。若不知道目的是什麼，將很難轉變心態，耐心傾聽員工的聲音。

很多人在一開始時，就搞錯了大方向，以為績效考核只和調整薪資有關。如果只是為了將結果當成往後加薪的依據，完全不關心部屬將來能不能把工作做得更好，那主管其實不用特地花時間坐下來面談。

因此，在和員工進行績效面談前，主管必須牢記一個重要的原則：**績效管理的目的是檢討過去，策勵未來。也就是「檢討今年表現」，以達成「訂定來年行動計畫」的目的。**

既然要檢討過去，主管就必須收集資料，知道部屬過去一年做得如何；想要策勵未來，主管和部屬則需要研擬出解決方案，再發展成實際的行動計畫。在績效面談結束時，對未來如何把工作做得更好，主管和部屬都應該要有很明確的想法。

3. 一個技巧
將麥克風遞給你的員工

無論是收集資料，還是制定解決辦法，主管都必須掌握一個非常重要的技巧：少說點話，讓員工自己告訴你。

許多主管很容易落入一種陷阱，就是官大學問大，學問大，話就比較多。然而，不論是績效面談，還是招募面談，你都應該想辦法讓別人講話的時間，比你自己還要多。有些主管可能會說，如果對方言不及義怎麼辦，我不能打斷他嗎？主管這時要稍微耐得住性子，只要多讓對方開口，就能多獲得一些資訊，幫助自己更加了解他們的想法或現況。萬一員工真的岔題太遠時，主管再適時地提醒他們即可。

給一張員工自評表

沒有足夠的資料，就沒有辦法檢討過去，因此，在進行績效考核前，主管必須先做好功課。想讓考核結果公正又公平，除了自己收集的相關資訊外，主管可以在給予評等前，先讓部屬填一張自評表。

一般來說，考核表會分成三個部分。第一個部分是「成就」，也就是你完成了哪些事情。例如，去年有五個目標，我達成了哪些，哪些沒有順利完成；第二部分是「職能」，代表的是你需要具備哪些能力，才能完成目標。比如說，要完成某項特定的專案，你可能要懂得如何分析、溝通，以及團隊合作；第三部分則是自我發展（參見附表）。

在思考如何發展員工時，可以從兩個角度切入：一、他的長處是什麼？二、他的弱點又在哪裡？**發掘、培養長處，可以增加員工成功的機會；修正弱點則可以幫助他們避開失敗的陷阱**。這些都是主管應盡的責任。

舉例來說，若某位員工表示未來想當經理，那主管在績效面談時，就可以針對經理這個角色，建議對方增強或改進哪些優缺點。例如，他的企劃能力很不錯，應該繼續精進；但他常常在討論事情時發脾氣，所以他必須加強溝通技巧和情緒管理。依據組織的需求及員工自我期許的發展方向，主管和員工可以進一步具體擬定未來發展的目標。

要注意的是，讓員工先填自評表，並不代表主管就不需要做功課了；相反地，你必須花更多工夫做準備。舉例來說，進行績效面談時，你看著員工的自評表告訴他：「第二項欄位這裡，你的表現還沒有達到期望值

員工自評表－以行銷人員為例

評量項目		評分				
成就	每個月舉辦三場網路行銷活動	A	B	C	D	E
	臉書粉絲團追蹤人數破萬	A	B	C	D	E
	……	A	B	C	D	E
	……	A	B	C	D	E
職能	具備團隊精神，樂意與同事協作	A	B	C	D	E
	具備良好的溝通技巧	A	B	C	D	E
	懂得如何應對突發狀況	A	B	C	D	E
	……	A	B	C	D	E
	……	A	B	C	D	E
自我發展	1.繼續加強的長處？					
	2.需要改進的地方？					
	參考上述兩個問題，你希望未來獲得哪些方面的發展？					

評量分數：A傑出、B良好、C普通、D尚可、E再加強

。」接著，你必須說明你的觀察。若沒有事先做好功課，就沒有辦法提供具體建議，也會無法讓部屬感到信服。

你覺得自己哪裡做得好？

進行面談時，主管應該先根據自評表，詢問部屬，他覺得自己哪裡做得很好，哪裡需要改進，以及需要哪些支援。千萬別一坐下來，拿了對方的考績表便劈頭就說：「好，第一個欄位是B，因為……，第二個應該是C，你應該……才對。好，我講完了，你有沒有問題？」

根據回答，員工大致可分成三種類型：第一種是吹牛；第二種是講實情；第三種是過度謙虛。面對第一類型的員工，你可以詢問他，若你擁有再來一次的機會，會不會用同樣的方式，來執行這項任務？這可以幫助他思考，找出原本沒看到的盲點。此外，主管要時常提醒自己，不愛吹噓的人不見得貢獻不多。若有些員工的個性比較內向，你便應該在他做得很好時給予肯定，幫助他建立自信。

除了讓員工自己提供資訊外，行動方案也一定要由他們自己承諾，而不是由你硬性規定。舉例來說，某位員工很常遲到，這時，你可以對他說：「你好像比別人還常遲到。請告訴我，你要怎麼解決這個問題？你可以先回去想一想，明天再告訴我。」讓部屬自己想出一個解決方法，往往能提高執行的成功率。

有心就能做到

理想的績效面談，最少應該要花上半個小時，即便是一小時都不嫌多。有些主管可能會認為，花這麼多時間，豈不是沒辦法上班了？然而，換個角度想，有些公司可能半年或一年才面談一次，員工為部門服務了一整年，他們絕對值得你花一小時，談談他們這一年來的工作績效，以及回饋對方這段日子的努力。

只要主管肯用心，做好績效面談一點都不困難。「我很忙，所以沒時間」，就是最常見的「沒有心」藉口。如果你是抱著這樣的心情面談你的部屬，即便你不斷追問：「我可以提供什麼協助？」他們仍然不會敞開心胸，提供你改善部門績效的最佳解答。

附錄 四個步驟，讓績效面談行雲流水

一場好的績效面談，會有啟、承、轉、合四個步驟。想要讓績效面談行雲流水，主管不妨參考下列四項要點：

1破冰（啟）

先從比較軟性的話題開始，而不是一開始就嚴肅地直切主題。雖然績效面談會影響薪資和未來行動，但你不需要讓氣氛變得那麼僵硬。主管可以先問問部屬最近的工作或生活狀況，再告訴對方等一下要談他的績效，需要專注一點，有問題可以隨時提出。

2資料收集（承）

沒有檢討過去，便沒辦法策勵未來。透過收集資料，你可以了解部

屬過去哪裡做得不夠好，以及問題出在什麼地方。是他能力不足？還是有人不願意跟他合作？

3將今年發生的事情，轉變成明年要採取的行動（轉）

請部屬告訴你，採取哪些行動可以改善現在不好的地方，和如何讓原本就做得好的事情，變得更好。

4達成共識（合）

接近面談的尾聲時，你可以先總結一下，剛剛討論了哪些內容，並與部屬確認，雙方是否達成了共識。接著，你們便能根據這個共識，訂下來年的具體行動計畫。

顧問小叮嚀

和員工面談前的自我提醒

- □ 先做好功課，並空出至少半小時進行面談。
- □ 提前通知面談時間，讓部屬準備談話內容。
- □ 當教練協助部屬成長，而不是當法官指責他。
- □ 聚焦於明年的改善，而不只是檢討今年。
- □ 先讓部屬說話，保留充分的時間給他。

一點筆記

....

....

....

....

....

Part2
當部屬不想溝通時

06.

人，真的可以改變嗎？

旭立基金會領導人教練 陳茂雄／主答

團隊裡，有一位員工脾氣不好，不想和別人合作；另一位員工凡事都要問我，不想先自己思考。我試過各種方法想改變他們都沒效，我有個疑惑：人真的可以被改變嗎？

許多主管一定都對這樣的感覺不陌生：這位員工很不錯，但如果某些習慣可以再稍稍調整一些，一定會更好。事實上，這些經常出現的問題，像是不願意自己做決定和不願意與他人溝通等，常常就是員工一再出現的行為模式。

若想要改變員工的行為模式，需要先了解行為背後的信念（心智模式）。例如，時常詢問相同問題的員工，可能是缺乏信心，認為凡事都詢問主管的意見比較好。除非員工的信念改變了，否則相同的事情（行為模式）還是會持續發生。因此，要改變人的行為，首先要改變人的信念。

緊抓浮木的人

有一個故事是這樣的：某個村莊因河水暴漲而被淹沒，唯一的倖存者因為緊抱了一塊浮木而存活下來。幾天後，他漂到下游的村莊，即使疲憊不堪，他還是漂浮在水裡，緊抱著浮木不放。

旁人見狀對他呼喊：「這裡水很淺，你為什麼不上岸？」他不為所動，依舊抱緊浮木。

最後，有一位教練出現了。他直接走進水裡跟那人一起抱著浮木，並說：「你緊抱著這根浮木一定有什麼原因吧！」

於是這個人跟教練講了事情發生的過程。教練聽完後表示：「原來這根浮木救了你，我們一起來感謝它。」

接著教練問：「那你現在感覺如何？」

他回答：「我又餓又累。」

教練問：「那麼，你想改變現狀嗎？」

那人說：「想。」

教練問：「你想要做的是什麼？」

那人說：「我想上岸吃飯，然後換上乾淨衣服。」

教練問：「那你為何不這麼做？」

那人說：「我擔心放開浮木會淹死。」

教練說：「你試著仔細看看這裡的環境，和你過去兩天所處的環境有何不同？」

最後，那人終於領悟，他在水很淺的河裡，不再需要浮木。於是他主動放下浮木，走到岸上。

慢慢鬆動的過程

改變他人信念是一個漸進式的過程。首先，教練透過行為模式找出他人的信念。以故事為例，存活下來的那個人，他的信念就是「要永遠抱著浮木」；**其次，肯定信念對他人過去的價值。**教練和那個人感謝浮木，就是在肯定抱著浮木的信念；**再來，探討信念對於現在的意義何在。**詢問對方在水不深的地方抱著浮木有何意義時，就是在探討，過去讓他存活下來的信念，對現在還有什麼意義。**最後，再詢問對方是否想改變，以及改變的第一步是什麼。**

然而，改變員工的信念不是一件容易的事，因為信念必定為員工帶來過什麼好處。因此，主管可以**將想要「改變」員工信念的目標，變成「鬆動」員工的信念，讓員工從「應該要永遠如何如何」，變成「什麼時候可以不要如何如何」**。

舉例來說，有一位員工和其他公司進行合作時，總是輕易讓步，無法捍衛公司的權利。原來，他的信念就是，在外工作要與人為善。經由主管鬆動他的信念，員工可以轉而認為，當與人為善會造成公司被合作廠商佔便宜時，我就要暫時放下這個信念。

除此之外，主管在試圖改變員工的信念時，需要避免經常出現的三個迷思：第一、太快指出對方的問題點。例如，當主管直接說：「你就是太軟弱又不知變通」時，員工會馬上對改變的機會產生抗拒；第二、忽略員工信念的價值。例如，員工堅持與人為善的信念，若主管根本不屑一顧，員工會擔心，主管一直要我放棄與人為善的信念，會不會讓我變成一個壞人；第三、期待他人做出翻天覆地的改變。這就好像要平常內向安靜的員工，在短時間內變得熱情活潑。

先建立關係，再談改變

想避免上述情況，主管在改變員工時，可以透過以下方式，先與員工建立好關係，再一步步透過教練式領導，讓員工產生期望的行為改變：

1. 破冰。主管希望員工改變，要先得到員工的接納跟信任。例如，告訴員工：「你的技能跟經驗很有價值，但當我請你與其他部門合作時，我感覺你不太開心。我希望你能在工作上發揮價值，同時也能開心滿足。」有些員工會認為主管的關心不是真誠的，所以主管更要鍥而不捨讓員工知道自己的真心。

2. 傾聽。透過傾聽，了解員工不開心、不接納別人意見的原因。不論員工有任何問題，主管應該先傾聽，並了解問題背後的原因，而不是把員工叫進辦公室，直接點出員工的問題，然後就告訴員工應該要怎麼做。

舉例來說，某位員工最近上班時常情緒不佳，主管先傾聽之後發現，原因是他認為自己的專業沒有受到重視，而不是他和其他同事處的不愉快。

3. 同理。主管可以主動說出員工沒有說的話，讓員工覺得自己被理解了。例如：「上次真的是委屈你了。明明還有其他同仁，卻要你這位最資深的去幫忙重灌電腦，感覺對你很抱歉。」想要員工信任主管，就必須讓員工覺得主管理解自己的處境。

4. 請教。主管可以找機會讓員工展現專業，讓員工覺得自己受到尊重。例如，主管遇到不熟悉的領域時，主動詢問專業的員工該如何解決。

5. 授權。主管可以將專案的主導權交給員工，並請其他同仁配合。

6. 表揚。當員工做出和過去不同的行為時，例如，較少和其他同仁起爭執，或主動教新人，主管就公開稱讚，讓他覺得自己的改變有被看到。

成功改變員工的行為模式是一條長遠的道路，而在運用教練式領導的過程裡，員工本身想要改變的意願非常重要。只有當員工願意改變時，他才會順著主管的領導一步步前進。相反地，如果員工無心改變，教練再努力也是徒勞無功。改變他人的確不容易，成功的改變需要主管和員工一起配合努力，才可能獲得期望的結果。

附錄

指導式領導，還是教練式領導

指導式領導和教練式領導並無優劣之分，端看情況和主管的選擇而定。簡單來說，**指導式領導是直接給魚吃；教練式領導是教導如何釣魚；一個是教練直接給答案，另一個是教練帶領對方一起找答案。**

採取指導式領導的主管，會假設員工自己找不到問題的解決方式，而且對於員工的問題心有定見，所以主管會透過自己的經驗，向員工進行說明和講解，告訴對方應該怎麼做比較好。

相反地，教練式領導的主管是帶著無知的心態，面對員工的問題，好奇問題發生的背後原因。教練式領導的主管會假設，員工的潛力尚未完全開發，所以會經由自己、主管和其他人的經驗，透過聆聽和提問的方式，和員工一起找到問題的答案。

教練式領導分成三個層次：不給答案、解決問題、改變模式。舉一個簡單的例子來說，有位員工在出差前，總是會詢問主管該怎麼前往目的地。若主管反問：「你說呢？」這就是不給答案的初級層次；如果主管回問：「那你上次出差是怎麼去的？」這是中級層次，透過問問題，讓員工自己找到答案；最高級的層次則不只是透過問問題，幫助員工找到答案，更幫助他們改變模式。

若主管希望員工產生根本的改變，教練式領導會是一個較好的選擇，因為指導式領導偏向治標不治本。然而，如果員工出現的問題緊急且重要，需要在短時間內做出改變，那麼指導式領導則會是理想的方式。

顧問小叮嚀

鬆動他人信念的5個過程

1. 透過行為模式找出他的信念。
2. 肯定信念對他過去的價值。
3. 探討信念對現在的意義。
4. 詢問對方是否想改變。
5. 詢問對方，決定改變後的第一步是什麼。

一點筆記

....

....

....

....

....

07.

如何化解績效面談的抗拒

前IBM大中華區人力資源總監 郭希文／主答

有幾位員工的績效與預期有很大落差，績效面談時他們表現出排斥與不滿，抱怨景氣不好、其他部門不配合，也不想提出改善方式。我該怎麼協助他們改善績效？

每逢年底，是許多主管與部屬進行年度績效面談的時刻，然而最讓主管們感到棘手的事情，莫過於和績效不佳的員工溝通。績效不佳的員工，往往會出現各種負面情緒反應，例如抱怨他人、憤怒、不說話，或是情緒低落等。

事實上，當員工在績效面談中，表現出高度不滿的情緒，大多是因為他和主管對於績效好壞的認知有很大落差：主管認為員工績效不好，但員工認為自己的績效還不錯。

造成認知落差的起因在於，很多主管雖然在年初時告訴員工目標，卻沒有跟他說要用什麼樣的方法做到，平日發現部屬績效不如預期時，也沒有給予即時的績效回饋，協助導正。直到年底，公司規定主管得進行績效面談時，主管才告訴員工表現不好的事實，這時員工勢必會產生不滿的情緒。

如果主管可以在年初就清楚說明績效期望，並在平日做到即時回饋，這樣的狀況就不會發生。

學會「殘酷的愛」

然而，許多主管在給予部屬績效回饋時，是有心理障礙的，因為他「不想當壞人」。他認為，如果告訴員工哪裡沒有做好，好像是在傷害員工，所以他選擇不講，寧願自己忍耐一下。於是，**在沒有回饋和提醒的基礎下，部屬的績效表現沒有辦法進步。這種做法對整個團隊的氛圍和信任度會造成很大的傷害，也是種下不良員工關係的主因。**

主管與員工進行績效回饋前，應該要先克服自己的心理障礙，並認知到，今天與員工溝通，無論是給予員工勉勵或是改善意見，都是希望讓部屬變得更好。因此，雖然這個過程有些殘酷，但都是出自於主管對部屬的愛。

主管不妨問自己：「為什麼我要和員工談，給予員工績效回饋？如果我不做績效回饋，三年以後我會怎麼樣？員工會怎麼樣？這個組織會怎麼樣？」其次是問自己：「我這次進行績效回饋是希望達到什麼樣的目標？我的心態是什麼？我要用什麼樣的態度，去面對這樣的員工？」然後，主管再從希望達到的結果，思考要如何跟員工談，怎麼激勵員工做得更好。

♡學會殘酷的愛

思考如果不給表現不佳的員工回饋……

→ 三年後我會怎樣？

→ 這位員工會怎樣？

→ 我們公司會怎樣？

績效期望，講清楚說明白

完整的績效輔導流程，包括四個步驟，分別是：在年初「設立目標」和「說明績效期望」；當員工開始著手進行時，主管在過程中持續給予「績效回饋」；到了年終與員工進行「績效評估」。其中，主管對員工「說明績效期望」，和給予員工「績效回饋」是最重要的，因為這兩個部分可以建立主管與部屬在工作關係間的互信。

「說明績效期望」的目的在於，讓員工了解能夠以什麼樣的方式或行為來達成目標。很多主管只跟員工講目標，並沒有跟員工討論與說明，要用什麼樣的方法或行為達到目標，到了年底進行績效評估時才發現，績效與預期有很大的落差。

例如，某位業務人員今年的績效很好，達到業績目標的一二〇%，但是他為了爭取時間開發更多新客戶，完全忽視對現有客戶的售後服務，導致客訴案件暴增，客戶滿意度下滑。這時，主管就應給予回饋，清楚地告訴員工要用什麼樣的態度和原則來完成目標。

隨時都可以給回饋

「績效回饋」的目的則是讓員工知道，主管希望他怎麼做，表現出什麼樣的行為？他做得好的是什麼？做得不盡如人意的又是什麼？主管必須要引導員工找出改善的方向。

績效回饋的進行方式，不一定要很正式，當主管看到部屬需要導正的地方，或者部屬應該要被激勵的時候，都可以隨時進行。比如員工今天的簡報做得很好，或是簽下了一筆大訂單，主管可以給予即時的嘉許。

相反地，如果員工在某個專案的表現不好，主管要避免批評指責員工，而是用教練的方式引導部屬思考，進而從錯誤或失敗中學習寶貴的經驗，例如問部屬：「以這個專案的狀況來看，如果重來一次，你會有什麼樣不同的做法？」

當員工已能主動地把事情做好，主管可視需要調整為每月定期與員工坐下來談，了解員工的狀況並提供回饋，例如問員工：「最近一個月，你在工作上有沒有什麼困難？」以及「你認為我可以如何幫助你做得更好？」

三類績效面談的方式

員工績效的好壞，通常是「能力」和「意願」的問題，意願包含態度，例如，員工願不願意做這件事情，以及對工作的投入度如何。面對不同狀況的員工，主管跟員工的績效面談方式也不一樣（參見附圖）。

第一類是高績效的員工，他的能力好，工作意願也高。通常主管把事情交給這類員工，會很放心。相對地，主管也要避免鞭打快牛，例如把所有事情都丟給他去做，認為理所當然，這可能會造成有一天員工受不了沉重的壓力。

第二類是能力好，可是工作意願很低的員工。有些員工從事同一類工作久了，缺乏熱情，就是屬於這一類。他能力很好，但是對工作疲乏，或者對主管信任度不夠，所以投入度很低。第三類是能力低，工作意願也很低的員工。從公司的角度來看，這類型的人很可能不適合這個位置。第四類是能力差一些，但是工作意願很高的員工。

主管面對第二至四類績效不太好的部屬，應善用教練式的輔導，從傾聽和問問題開始，引導員工思考和找出改善方案。然而對於不同類型的員工，做法上也會有些不同。

4種不同工作能力與意願的員工

員工績效的好壞，通常是「能力」和「意願」的問題，面對不同狀況的員工，主管跟員工的績效面談方式也不一樣。

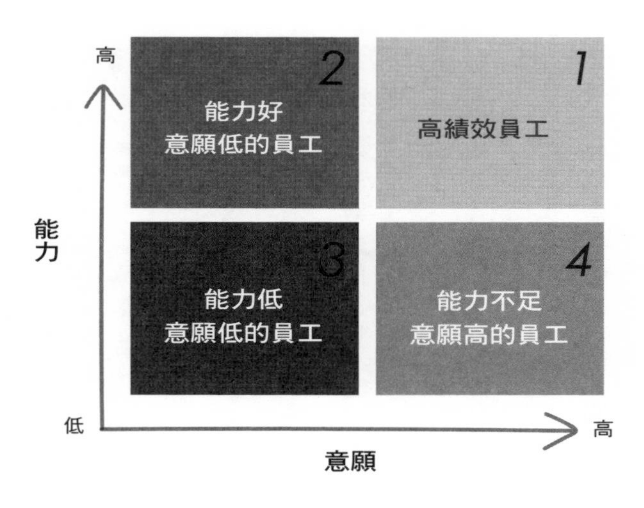

✓面對能力好，但意願低的部屬：訓導然後開導

對於第二類能力好但意願低的員工，通常他們較缺乏自覺，主管要用訓導方式，開門見山地跟他談。例如：

主管：「小張，你覺得過去這一年來，你

的績效表現怎麼樣？」

員工：「很好。」

主管：「你覺得自己做得很好的地方在哪裡？」

員工：「每個月規定該完成的例行事務，我都如期完成。」

主管：「可是我從一個主管的角度來看，其實我非常關心你的工作表現，你要不要聽聽看我對你的觀察？」

員工：「好。」

主管：「你的能力非常好，可是我認為做為一個資深且能力好的人，其實你可以扮演更好的角色。因為從你的投入度以及對工作的熱忱來看，我覺得你沒有達到我的預期。我觀察到，上個月有幾個客戶的詢價電話，你拖了一個禮拜才回覆；某個客戶抱怨產品有瑕疵，你也沒有處理。可不可以告訴我，你這麼做的原因是什麼？」

這樣的對話就是訓導，主管開門見山地告訴部屬，他的工作態度與投入度應該有改善的空間。在指出問題的時候，**不用指責的方式來質問員**

工，而是說：「我觀察到……」這樣比較不會造成彼此的對立。接著，詢問部屬會有這樣的做法，背後的原因是什麼。先聽部屬說，看他怎麼反應，目的是讓部屬講出他自己的想法和感覺，而不是逼迫他聽主管的看法。

✓面對能力不足，但意願高的部屬：教導

面對能力不足，但投入意願高的員工，要用教導的方式。首先，主管與部屬溝通前，要先找到部屬能力不足最主要的原因，例如，主管發現，部屬對於一件事情沒有辦法快速掌握重點。在教導時，主管可以先問員工：「過去這一年，你對自己的績效表現感覺如何？」通常這類員工都會有自覺地提出，自己的確有些地方做得不好。

接著，主管再協助部屬找出績效不好的根因，並協助他改善問題點。例如主管可以告訴部屬：「我發現你遇到問題時，好像會被問題拉著走，而沒有先去分析問題，我覺得你可能要在這方面多下一點功夫。」這是教導。

相反地，如果主管是採用批評的方式，例如告訴員工：「你每次都自己亂下判斷，害大家要花很多時間幫你收拾殘局。」這就沒有指出問題點，也沒有辦法真正幫助員工，而且部屬會認為你只是在批評他。因此，除了要告訴部屬現況，更重要的是，要告訴他怎麼做會更好，以及你的期望是什麼。

無論主管是訓導或是教導，最後都要走到開導，目的是強化員工改善的動力。例如，當主管教導完部屬，要開導他為什麼要做這件事情，做這件事情的好處是什麼；主管訓導完部屬，也要開導他，告訴他如果按照原來的方式繼續做，後果會是什麼。

✓面對能力和意願都低的部屬：處理

當某些員工無論在能力和工作意願看起來都很低落時，主管可以先進一步和員工談談，了解員工的工作意願。如果他有意願，就可以移到前面提到「能力低意願高」的區隔。

如果員工的確缺乏意願，那麼這類員工就是主管要淘汰的人選。應對時，主管一樣要告訴員工他的問題到底是什麼，他似乎不適合這個工作的原因是什麼。

例如，主管可以問員工：「團隊合作、使命必達……是公司的價值觀，可是我現在看起來你跟不上大家。例如，你不喜歡和團隊一起完成專案，對於專案的投入度也不高。你認為你跟不上的原因是什麼？」然後，主管可以建議員工想一下，他想要做的到底是什麼，他的熱情到底在哪裡。最後，主管要告訴部屬，其實每個人都有他的優點，很可能他是上錯車了，但這也沒關係，趕快下車去找到對的車。

面對不斷抱怨的員工

還有一種狀況是，員工的能力不足，也有工作意願，但績效面談過程中卻不斷地抱怨景氣不好，其他部門不配合，面對這類員工，主管要開導他，例如告訴他：「景氣對大家的影響都是一樣的，我們也有其他同仁一樣做得很好，所以我們先把景氣這件事拿掉。團隊合作也是互相的，為什麼別人可以做到大家願意幫他？你覺得你可以做什麼來改變這個狀況？」

此時，員工可能不講話了，若主管對員工很了解，也曾發現員工拜訪客戶前常準備不足，他就可以接著說：「要不要聽聽看我對你的觀察？當一個案子來的時候，我們去拜訪客戶前，應該事先準備幾件事情，包括你對客戶是否有足夠的了解、今天拜訪客戶的目的，以及你的簡報是否能充分而簡潔地，傳達客戶想要知道的重點。」**除了告訴員工他哪裡做得不好，也必須讓他知道，你希望他可以做些什麼改變。**

如果員工還是繼續很偏執地抱怨，無法接受教導，主管可以這麼說：「我剛剛跟你講那麼多，可是你好像沒有聽進去。如果你繼續這樣抱怨下去，你覺得你兩年或三年後會怎麼樣？你覺得快樂嗎？這真的是你要的嗎？」接著，引導他思考到底他的熱情在哪裡，是否上錯了車。

只要主管抱持正面的態度，採取引導式的對話，便能化解員工對面談的抗拒，且提高員工的績效，讓不同的員工都有更好的發揮。

顧問小叮嚀

想協助部屬提高績效，你應該……

- □ 清楚與部屬溝通目標。
- □ 事先讓部屬了解，他可以怎麼達成目標。
- □ 在部屬表現好時，即時給予回饋。
- □ 在部屬表現不佳時，即時給予回饋。
- □ 與部屬一對一面談時，充分提問和傾聽。

一點筆記

....

....

....

....

....

Part2
當部屬不想溝通時

08.

如何避免目標變成「老闆說了算」

美商宏智國際顧問公司大中華區學習發展諮詢總經理 林奕威／主答

有部屬覺得目標都是主管說了算，不願全心投入。我應該如何設定目標，如何溝通，才能和部屬有共識，訂出符合公司策略，他們也願意全力以赴的目標？

好的目標能激發團隊潛力，不恰當的目標則會開啟士氣低迷的負面循環。一般來說，在為部屬設定目標前，主管必須先確定的一件事就是連結。為部屬設定的目標，必須和公司策略以及部屬個人有所連結。不只是訂定一個目標，當中還必須包含如何協助他達到目標，甚至是超越目標。

在溝通目標的過程當中，主管是否能與員工達成共識，可以從硬技巧與軟技巧來看。**硬技巧的部份指的是，主管的目標是怎麼訂定出來的；軟技巧的部份是，主管怎麼跟員工談的。**

目標設定時，最常見的管理工具是SMART原則，這是為了讓員工清楚自己的目標是什麼，以及最終他將被衡量什麼。

首先，目標設定的指標要很具體。如果員工不知道的話，他就不理解主管怎麼衡量自己，也容易產生不確定感。舉例來說，如果主管告訴你：「未來的工作你要做得更有質感些，這是你今年的目標。」但是你不知道什麼叫作「有質感」，做到什麼程度算是「有質感」。因為不知道主管怎麼衡量自己，員工就很難跟主管有共識。SMART原則當中，SMT

（明確、可衡量、有時間性），指的都是要把目標的標準講清楚。

標準清楚後會遇到的另外一個問題是，員工不知道這個目標和自己有沒有關係，或不清楚自己為何而戰。例如，當目標跟員工的工作相關性不大時，他會覺得這個目標與他無關；而當不知道目標的意義時，他做起來就會覺得沒有意思，覺得自己只是一顆小螺絲釘。

因此，在與員工進行目標設定時，一定要讓員工知道，為什麼這件事情必須做到這個水平，這跟公司有什麼關聯性；如果做得好的話，對公司策略有什麼影響。員工才會了解自己的價值，以及對公司的貢獻。

最後，主管要讓員工看得見目標，觸碰得到目標。所有的主管都希望跟員工有共識，但主管也必須反思，員工為什麼跟我沒有共識？一般的研究結果是，員工覺得目標設定太高了做不到；員工覺得主管要求達到目標，但沒有給予相對的支援。

因此，**設定目標的過程必須清楚明確；目標與公司策略，以及與員工要有所連結；提供資源與方法協助員工，讓員工覺得有達成目標的機會**

目標設定的SMART原則

。在這樣的狀況之下，目標比較可能達成共識。

訂目標時的陷阱

目標是一個向下展開的概念，根據願景，公司有一個年度的大目標，例如，今年利潤要達到多少、要拓展至中國市場等等。根據公司的大目標或方向，再展開年度策略；這些策略再延伸到各部門，由不同的部門去承接；再由部門的主管延伸到中階主管和員工。

這樣一個展開的過程當中，有

時會存在不合理的地方。例如，公司的目標是顧客導向，因此希望今年得到四．七分的顧客滿意度。接下來，客服部門承接了這個的目標，部門主管告訴中階主管，今年公司的目標要做到四．七分，但部門主管希望預留緩衝空間，就為中階主管訂定四．八分的目標；之後，中階主管又往下跟員工說，雖然公司訂的目標是四．七分，但是部門主管希望我能做到四．八分，但他也希望有緩衝空間，就為員工訂定四．九分的目標。

像這樣的目標設定就是不合理的。如果要讓今年的顧客滿意度達四．七分，主管應該思考的是，最基層的員工需要做什麼，才能提升顧客滿意度。例如，電話響三聲內接起、客訴必須要在二十四小時內回覆、一次處理完客訴的次數比率提升到百分之九十等等，而不是去預設緩衝空間。

該怎麼避開目標不合理的陷阱？首先，在訂目標時，一定要展開，能夠上下承接。很多公司訂目標的時候，上面訂什麼目標，下面就跟著訂什麼目標，這是需要調整的。以前述的例子來說，就算主管為員工訂了目標，員工還是不知道自己該做哪些事情，才能讓分數達到四．九分。

第二，目標要有意涵。主管在思索該如何管理時，就要一同思考到目標該怎麼訂定，才能達到管理，以及組織運作最佳化的目的。設目標不是只有數字而已，而是有很多值得思考的面向。

例如，主管為業務人員設目標，年度業績達一千萬，或是每季業務目標兩百五十萬，這兩者的目標總數字一樣，但達成的方法卻不一樣。如果主管希望產出是很穩定的，那他可能會訂定每一季的目標，然後加上一些領先指標（leading indicator），例如，每月拜訪二十位客戶，但總目標還是一千萬；如果主管認為，只要員工達成年度目標，過程起伏是可以接受的，那麼他可能選擇訂定年度業績一千萬的目標。這兩個目標數字相同，看起來好像一樣，但卻彰顯了主管對員工表現的不同期望。

第三，目標設定時要考量多面向，不是只有數字而已。可以由數量、品質、時間，以及成本這四個面向切入。我希望做多少？我希望做得有多好？我希望投入多少成本？我希望做得有多快？

從這四個角度來思考，而不只是思考業績要做到多少金額，產能要達到多少。根據今年公司想要驅動的方向，在同一個領域中思考這四個面向指標，能促進員工往此方向邁進。

人其實是很複雜的，在討論目標的過程中，主管要處理事情，也要處理心情。主管為什麼沒有與部屬達成共識，事情和心情是兩大因素。如果是事情方面，可以運用前面提到的SMART原則；而心情指的是，**主管在跟員工談的時候，有沒有注意到員工對這件事情的看法、觀點、顧慮或擔憂，依此有效地輔導員工接受，或者讓員工了解到自己是有能力達成的。**

如果在溝通的過程中，主管的態度都是頤指氣使，員工聽了也不易對目標有承諾。在這樣的情況下，儘管目標是可以達成的，員工還是不想做。員工除了希望自己能夠達成目標，也希望自己是個有意義、有價值的人，希望在討論的過程中，自己是被尊重的；不只是聽主管說，也希望自己能有表達意見的機會。

如果覺得目標有困難，員工會希望主管有同理心，在必要時給他方法和支援。如果主管能肯定員工的能力，了解他的困難，參考他的意見，員工自然更容易接受目標。

溝通目標時的陷阱

績效管理是一個循環，年初時設定目標，年終檢討績效，中間的過程不斷追蹤，給予員工持續的協助、調整和教練。

主管設了目標之後，如果都沒有輔導或追蹤，到年底員工未達成目標，明年員工就會想：「我去年失敗了，今年老闆又訂了一個更高的目標。按照過去的經驗，我也不會得到主管的協助，所以看起來今年的目標也不會達成。」如果員工第二年也無法完成，那第三年可能也不會，因為他已經認定了目標都做不到。在這種負面循環的情況下，主管再怎麼溝通都是沒有用的。

但是如果主管在第一次設定目標後，在過程中給予幫助和輔導，協助同仁接近目標，達標，或甚至超標，就能讓同仁在第二年時覺得有信心，可以再接受挑戰。

一個績效管理好的公司，一整年都會為達成目標努力，而不只是著重在設定目標和績效考核，這兩個環節而已。當目標設定完之後，員工可以擁有必要的支援、輔導和追蹤，協助他往目標邁進，進而培養出信心。這樣的狀況之下，也比較容易達成目標。

如果有員工真的不願意接受目標，那主管就必須去了解，是員工不會做、不能做，還是不願意做。如果是不會做，這就是能力的問題，主管要去思考有什麼計畫可以協助員工發展技能；當員工認為目標不合理，或者覺得工作量太大了，沒有時間，所以不能做，那麼主管就必須給予適當的支援；不願意做的員工也許是覺得自己的志向不在這裡，這時，也許主管可以協助他換一個位置，或者協助他對自己的職涯重新定位。

當主管跟員工溝通時，一定要盡量了解，究竟是什麼原因，讓員工不願意接受目標，才能針對問題適當地處理。

向上與向下溝通

溝通是一種永遠都可以不斷提升的能力。對上來說，中階主管需要努力釐清，主管真正想要自己達成的目標是什麼。因為有可能高階主管只是給你數字的目標，但其實他對你的部門還有更多的期待。例如，他可能希望你的部門在和別的部門合作時，流程可以更順利完整。但他在訂目標時，如果沒有特別提到這些期望，儘管你已經做到數字目標了，還是沒有符合他的期待。

中階主管應多花些時間與自己的主管討論，他對你有什麼期待，對你的部門有什麼期待。從人員、組織、流程等等面向去思考，這樣才能更加清楚，要把哪些目標放進部屬的目標當中。

和部屬溝通時，中階主管要把組織的大方向清楚溝通，讓員工知道未來的方向是往哪裡去，哪些領域是公司的既定目標。請員工先回去想想，要做到這些目標，有沒有什麼困難，有哪些需要支援的地方，在討論目標的時候可以提出來。

另外，主管也可以思考，是不是能夠將某些訂定目標的空間留給員工，讓他們自己為自己的工作負責。某些目標是公司已經訂定好的，而某些目標則是員工可以為自己設定的。讓員工為自己設一些目標，能讓員工更有動力。

當主管這麼做的時候，可能會意外發現，員工自己訂定的目標，比主管心裡預設的還要更好，主管也能清楚地看見，員工對工作的熱情。好的目標設定，對團隊來說就是一個好的驅動力量。

顧問小叮嚀

溝通目標時你應該……

- □ 先釐清自己的主管想要團隊達成的目標，他對團隊有什麼期待。
- □ 讓員工知道公司的方向，說明哪些是既定目標，哪些可以自己設定。
- □ 注意員工對目標的看法、觀點、顧慮或擔憂，依此輔導。
- □ 在討論的過程中，展現對員工的尊重，給予表達意見的機會。
- □ 說明可以提供的方法和支援，以協助員工達成目標。

一點筆記

第三部

當部屬卡關時

「遇到瓶頸好焦慮」
「進度又落後了」

TIPS

最好的學習是，馬上就可以運用在工作中的學習。

09.

目標進度落後怎麼辦？

群文國際顧問公司總經理 何文堂／主答

我的團隊常在目標期限前趕著追進度。在日常工作中，他們很容易忽略某些重要但不緊急的目標。我該如何協助他們，調整工作重心追上目標？

一般來說，企業從目標設定到執行的過程中，會遇上兩大敵人：一個是日常工作；另一個是力量分散，未專注聚焦。因此，當目標進度落後時，首先要思考執行不佳的原因。執行力通常有以下三個缺口：

1.團隊成員不知道最重要的目標是什麼。富蘭克林柯維公司（Franklin Covey）的一項執行力調查發現，公司裡，大約只有三七%的人知道公司的重要目標是什麼。

2.團隊成員不知道該做什麼來達成目標。有些時候，雖然同仁知道目標，但他不知道怎麼做是最好的，也就是缺少達成目標的方法。

3.團隊成員不需要為成果當責。一種情況是，同仁沒有被要求，或追蹤一定要達成目標；另一種情況是，同仁認為這不是我的工作，或自己不需要負什麼責任。

為了彌補執行力的缺口，我們可以從了解最重要的目標開始，思考如何達成，接著訂定指標，並且持續追蹤，以協助團隊達成目標（參見下頁圖一）。以下是提升執行力的五步驟：

步驟1 專注團隊最重要的目標

許多公司常在期限之前才驚覺，追趕目標的時間只剩幾個月，資源也更有限了，而日常工作還是必須進行，這時該怎麼辦？建議團隊將八〇％的重心放在日常工作，將二〇％時間、精力，放在公司或部門的重要目標上。在確立目標時，記得嚴守「少而精」的原則，把心力聚焦於一到三個能產生大改變的重要目標。

首先，主管需要花點心思重新盤點目標的達成狀況，接著與同仁共同討論，如果達成哪個目標，或改變哪一件事，對整個部門或者公司最有貢獻、最能帶來效益。透過主管的說明，讓每一位同仁知道，接下來的幾個月，團隊的重點要放在什麼地方，建立對目標執行的共識。

步驟2 探索達成最重要目標的行動方案

思考要如何達標，探索達成重要目標的行動方案，是第二步驟的重點。在思考行動方案的過程中，可以從以下三個角度切入：

圖一｜提高執行力的5個步驟

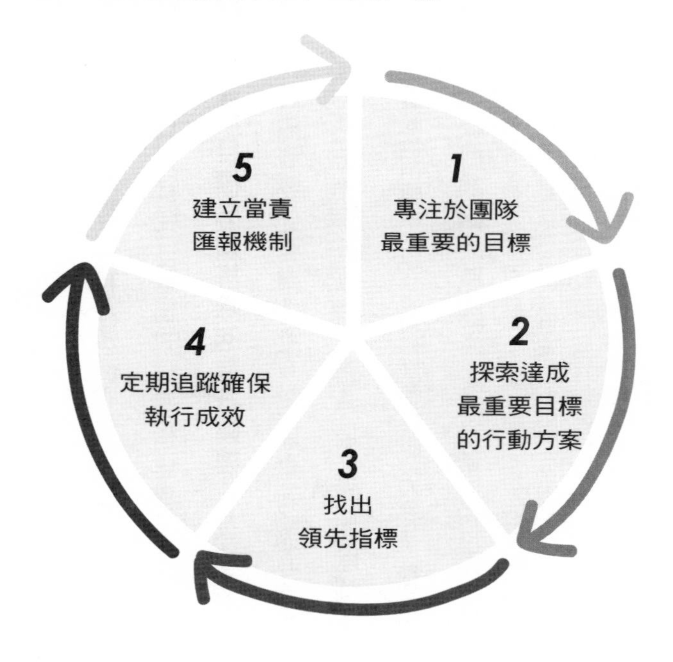

■從過去成功的經驗中，尋找典範。主管可以思考過往的營運過程中，在達成年度目標上，有哪些地方做得不錯，以作為今年目標達成方式的參考和依據。除了思考自己過往的經驗，也可以參考其他部門的成功案例。

■以創新的思考尋找新方法。主管可以帶領團隊腦力激盪，共同發想具有創造性，有別於現行做法的提案和建議。

■找出達成目標必須排除的執行障礙。從收集和整理過往的經驗中，判斷要達成目標需要先克服什麼?可以重新檢討過去失敗的案例，或是過往曾嘗試過，但失敗的新做法，思考是否能加以調整，以提升執行成效。

找出重要目標，以及可行的行動方案，藉由這兩個步驟，能夠解決前述執行力缺口的兩大原因：不知道重要目標，以及不知道方法。

步驟3 找出領先指標

有目標，有方法之後，接著就是思考執行過程中，要設定什麼樣的領先指標。找出領先指標這一個步驟，通常比較困難，也必須花比較多的時間。

領先指標是，與最重要目標最直接相關的活動指標。舉個簡單的例子，我們談健身減肥，重要的不是每天量體重，因為當你看到體重數字時已經來不及了，即使你每天認真量三次都沒用。你要思考的是如何控制熱量的攝取，以及如何透過運動消耗熱量。因為如果每天都能控制飲食和運動量，體重通常就會朝理想的設定目標走。

領先指標有兩個特點：一、必須與最重要目標連結；二、必須可控制以及著力。領先指標的功能之一在於，能將團隊的日常工作與最重要的目標連結起來，使團隊的時間、力氣和資源發揮最大的效益。

在第三個步驟，主管與團隊要討論出，若要達標，領先指標會是什麼。假設同仁今年的重要目標是成功開發五家新客戶。若要開發新客戶，首先必須先有潛在客戶。

主管可以詢問同仁：「有多少潛在客戶會願意接受同仁親自拜訪？」

同仁說：「一百個裡面可能有二十個。」

主管接著問：「那麼這二十個潛在客戶裡，通常可以成交幾個？」

同仁說：「可能是五％。」

透過這樣的討論，主管就很容易能帶著同仁設定領先指標。要成功開發五家新客戶，同仁要約訪到一百個潛在客戶，所以可以推算在接下來的時間裡，每一週，同仁至少必須拜訪幾位潛在客戶。

在企業裡，通常有月會，可以了解整個公司的情況；但是對部門主管來說，重點在於平日如何協助同仁，因此，每週的週會相當重要。訂單是落後指標，**主管並不是每天去詢問業績達到一百萬了沒，而是去管理，達到一百萬業績之前，什麼是最重要的**，也許是追蹤同仁拜訪哪些客戶，以及和哪些舊客戶聯繫過。

步驟4 定期追蹤確保執行成效

這個部分比較強調在目標執行過程中，如何協助團隊更加投入。當人們看到自己執行的成果時，行為就比較容易產生改變。因此，主管應該確保團隊成員，隨時知道自己和團隊的進度，包含落後指標與領先指標，這能讓團隊看見自己目前在哪裡，目標又在哪裡。

明確的目標進度資訊，有助於激發同仁的參與感和所有權（ownership）。建議主管設定機制，讓團隊成員可以清楚說明進度狀況，超前是超前多少，落後又是落後多少。有些公司會運用系統，跑出目標達成資料，讓主管知道同仁的目標是否達成。但這種做法比較難看到過程中的事情，因此，建議主管可以運用類似看板的做法，讓同仁看見自己目前的成績與進度。例如，某些公司會在辦公室貼上「賀成交」標語、目標與實績的統計圖表等。

步驟5 建立當責匯報機制

在提升執行力專案當中，常會提到當責會議（accountability session）。很多公司的會議常常是以報流水帳的方式進行，說明上個星期做了哪些事情。當責會議的進行方式則是，**每個人報告三分鐘，報告三個重點：我上禮拜原來承諾要做什麼，我做到了哪些；下禮拜我準備（承諾）要做什麼；有哪些地方是我需要他人協助的**（參見圖二）。

假設在開發新客戶的過程中，同仁提出，他需要主管協助提升企劃能力，此時，主管應在會議結束後，與員工個別討論，而不要在當責會議中當場進行討論。透過有效的當責會議，能讓團隊同仁更加積極，也更當責。

持續追蹤，協助排除障礙

如同柯維博士談到的，思維先改變，行動才會改變；行動改變，結果就會改變。如何讓團隊成員從認知、認同，到行動，主管必須一再地溝

圖二 | 3分鐘，3重點的當責會議

1. 上週承諾事項的執行結果

報告

2. 問題與障礙的排除

檢討

計畫

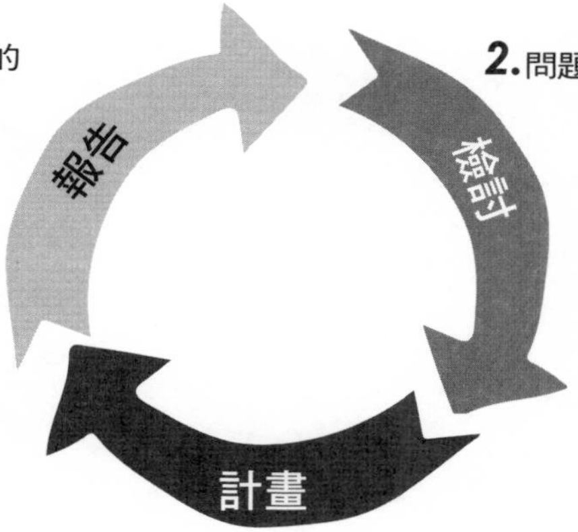

3. 釐清並提出下週工作重點

通，為什麼這是部門的重要目標；這對公司、部門有什麼貢獻（認知）；然後藉由共同討論，讓團隊產生認同，認同之後才會產生行動。

我們說，部門主管的產出，指的並不是主管個人的產出，而是他所管理或影響的部屬工作成效的總和，也就是整體團隊成果的產出。因此，團隊達標的過程中，主管扮演相當重要的角色。他必須能以身作則，堅持每一週開會追蹤，並且協助

同仁排除障礙。

目標的達成需要執行力，而執行力本身是一種紀律，必須持續、堅持地去做。若團隊能把專注重要目標、找出行動方案、訂出領先指標、定期追蹤，以及建立當責匯報機制，這五個步驟養成習慣，對於提升執行力會有一定的幫助。

顧問小叮嚀

目標進度落後時，你可以……

- □ 當資源有限時，把注意力放在最重要的目標上。
- □ 讓部屬清楚了解，有哪些重要目標。
- □ 讓部屬清楚知道，應該怎麼達成目標。
- □ 和部屬一起討論並訂定領先指標。
- □ 過程中定期追蹤目標達成狀況。

一點筆記

10.

壓力讓團隊越來越焦慮，該怎麼辦？

全球首位中文SIY認證師資 楊嘉慶／主答

團隊裡，每個人手上都有許多專案，也常要處理各種突發狀況。大家都很疲憊又焦慮，也因此產生了一些衝突。有哪些簡單的方法，可以協助團隊降低壓力，提高專注力？

在企業裡，我們每天都有很多工作和突發狀況要處理。當一個人很急躁的時候，往往就容易出錯。而如果一個人經常焦慮或緊張，不知不覺中，便會把這樣的情緒帶到團隊中，影響彼此關係。

在這種狀況之下，我們可以學習運用正念（mindfulness），讓自己在紛紛擾擾與變動之間，保持著安定的心。

一九七九年，卡巴金教授（Jon Kabat-Zinn）把正念運用到西方醫學界，當成一種心理的訓練，主要的目的是減輕壓力。十幾年前，谷歌等知名企業開始在組織內推動正念，協助團隊提高專注力、情緒管理能力，以及領導能力。

許多人常以為正念就是正向思考，但這並不是正念的原意。**正念指的是，用一種正確的心態，不帶有批判地、有意識地覺察當下的自己。**它是一種內觀和定心的力量，只需要幾分鐘，透過幾個簡單的方式就可以練習。

舉例來說，今天工作到一半，突然跑出了好幾件事讓你分心，你覺得工作好像永遠處理不完，一時也不知道自己現在該做什麼。這時候，你可以放鬆一下身體，透過眼、鼻、嘴、耳、身體的五感覺知，把注意力放在自己身上。

例如，用心感受一下自己的呼吸，感覺自己的雙唇如何碰觸，感覺自己的雙腳如何踏在地板上，身體又是如何坐在椅子上的。又或者你可以站起來，走去倒一杯水，正念地喝一杯水，感覺自己是怎麼握住杯子，感覺自己喝水時，嘴唇碰到水，水的溫度怎麼樣。

從問題中抽離

當我們這麼做的時候，我們的心會從思考模式：很混亂地想怎麼有這麼多事情要做，轉換到覺知模式：透過專注於自己的身體，把心穩定下來。這短短的幾分鐘，有助於我們的心從問題裡跳出來，把注意力集中到自己身上，進而找到一股定心的力量。

對於該處理的工作，當然還是必須很快地處理，只是在處理過程中，你的心智比較沉著，思考比較清楚，就不容易出錯，工作效率也會跟著提高。除此之外，藉由這樣的練習，我們也會更容易察覺自己是否分心，並且懂得如何把注意力拉回來。

事實上，正念可以是一種生活方式，並不是非得要有一個坐墊才能練習。正念是心的工作，不是身體的工作。我們可以隨時隨地用最自然的方式進行，當下需要的時候，就能馬上運用。

為什麼越想越生氣

許多部門在合作的過程中，因為資源有限，很容易產生摩擦或衝突。情緒反應是經由我們的身體表現出來，但我們通常不會把注意力放在自己的身體上。當不好的情緒要出現時，若你能夠事先察覺，在第一刻先管理它，就能不被它牽著走。

為什麼生氣的人會越來越生氣，沮喪的人會一直沮喪？舉個例子來說，「慘了！行銷部門的人都不協助我們，這個專案要怎麼辦？」當你產生了這個念頭之後，會帶起生氣、緊張的情緒。這樣的情緒會讓你身體有不舒服的感受，不舒服的感受又會引起下一個負面的念頭，變成一種惡性循環。這麼一來，你就沒有辦法從這個情緒裡跳出來，因為你把注意力放在故事中，放在你的批判和想法中。

當情緒來了的時候，第一步是先放鬆身體、放鬆心情，把注意力放在感覺自己的呼吸，感覺自己正腳踏實地，把心安定下來；第二步，透過身體覺知，去承認和感受這個情緒，讓我們身體產生什麼樣的變化，而不是逃避它，例如，我的體溫升高、心跳和呼吸加速、身體變得緊繃等。

在正念的實踐中，對於情緒，最好的處理方式就是感受它，一步一步溫柔地靠近、包容它。如果只是一直逃避，往往會造成更多的壓力，甚至心理上的疾病。

學習感受不好的情緒，它帶給你身體哪些變化。當你這樣做的時候，你會發現，就好像你正握著一杯很燙的水，不需要逃避，不需要別人勸你不要生氣，你很自然地就會放掉它。

一道神祕空間

一位哲學家曾說：「**在刺激與反應之間，其實存有一道空間。我們擁有自由，能選擇如何反應，我們的反應決定我們的成長與快樂。**」當我們受到刺激，情緒起來的時候，要試著學習更快找到那道空間，覺察自己的情緒，先平復下來，再做出有意義、有幫助的回應。

少了多餘的情緒，看事情就更透徹，也會有不同的理解。當你能這樣對待自己的情緒，將更能培養同理心，更好地對待別人，減少人際互動上不必要的摩擦。同理心和自我管理能夠產生正面的影響力，而正面的影響力則是領導能力的基礎。

附錄　正念與創造力的關係

除了提升專注力之外，正念對於創造力，以及面對挫折的心態，也有一定的幫助。

假設今天我們要寫一個水果的廣告文案，團隊一起正念地品嚐水果，聞著它的味道。有些人會想到某些人物，自己與他們一起吃水果的回憶；也有些人會看到這顆水果上的圖案，覺得很像某種圖像，趕緊拿手機拍下來。這就是兩個不同的方向。

創造力的第一個條件是接收資訊。我們有很多念頭，如果你沒有注意到它，它就會快速飄過。我們可以運用開放式的覺知，將注意力更放寬，留意自己的念頭，訓練自己觀察那些念頭。就像當你看到一個東西，聯想到另一件事情，你開始注意到，你的聯想是由這件東西產生的，這就是開放式覺知的一種能力。

訓練自己更容易察覺到不同的資訊，這是創造力的開始。此外，它對我們做決策也有幫助。在這麼多的資訊裡，哪一個是真正有用的？只要我們提高自我察覺的能力，就可以做出更好的選擇。

最後則是復原力。有很好的點子與真正實踐是兩回事。在你努力實現點子的過程中，可能會面對很多挫折。我們必須擁有復原力，管理自己的情緒。不要沉溺在失敗中，而要用正確的心態告訴自己：一次的失敗不是永遠的失敗，它是一個學習和成長的機會。

顧問小叮嚀

負面情緒來襲時，花幾分鐘……

- □ 不帶有批判地察覺當下的自己。
- □ 把注意力完全放在自己身上。
- □ 感受自己的情緒，帶給身體的感受。
- □ 學習在刺激與反應之間暫停，再做出更有意義的回應。

一點筆記

Part3
當部屬卡關時

11.

面對市場變動，如何讓大家更敏捷

台灣敏捷協會理事長 張昀煒／主答

過去我們推出產品的方式較嚴謹，時間也較長，但這樣的速度已經無法跟上市場變動，團隊似乎也很難適應這樣的工作節奏，造成許多專案延遲。怎麼做才能讓團隊更敏捷？

談到敏捷，許多人會直覺地認為就是「快」，但敏捷其實是指「回應變化的速度變快」。敏捷式管理（Agile）一開始來自軟體開發宣言，後來隨時代演進，把軟體開發拿掉，演變成對所有企業都適合的敏捷宣言。

我們正處在充滿變動、複雜，且不確定的霧卡（VUCA）世界，一點波動就會造成市場很大的變化，公司無法準確預測明年，甚至下個月會發生什麼事。過去，公司做一個專案要一年時間，完成後一翻牌定生死；現在用敏捷的方式，可能一兩個禮拜就可以拿產品去市場上測試一下，如果沒有市場就不需要再浪費時間。

然而，想運用敏捷式管理有一定的前提，主管必須依照其中的規則、心法，將敏捷的精神灌注到團隊當中，才能達成。敏捷有以下四個重要的精神：

1.「個人與互動」重於「流程與工具」

一個專案或產品的研發製造過程，會有員工必須遵循的一些ＳＯＰ

或流程規範，通常要經過許多次的工作轉換，例如在A站做完設計，接下來再進入到B站開發測試。

然而，流程應該隨時空現況調整或改變。馬路為何叫馬路，因為過去是馬車在走的，路的寬度則是根據馬車的車軸寬度延續下來，當過去的成因不見了，流程也應該隨著實際需求而調整改變。

這個改變來自團隊合作過程中，發現某些流程已經不適用了。如果團隊仍然維持既有的流程，但是又要符合現在的狀況，這中間就存在著「欺騙」，進而形成欺騙的不良文化。因此，公司應該要尊重現實，回頭去修改流程，而非讓團隊習慣欺騙。

2.「可用的軟體」重於「詳盡的文件」

進行專案時會有完成度，例如完成九〇％或九七％，但在敏捷的精神中這是沒有用的，因為這是未完成品，是沒有價值的。一定要把事情從頭到尾做完，才算完成。以敏捷精神來說，不看文件，直接看產品、看結果是什麼。

例如，開發一個用於遠端會議的軟體，裡面有錄影功能，前端有按鍵，後端則有一些錄影設備，然後需要壓縮……，以達到錄影的功能。以過去專案管理的做法，錄影功能會切成好幾個工作，假設有十個，做完三個就是三〇%，做完五個就是五〇%。但過程中往往會讓人感覺似乎永遠做不完，因為中間會出現不同的問題，延緩了完成速度。

若是運用敏捷的方式，軟體的錄影功能可以用「增量」（incremental）方式，不斷疊加而臻至完善。例如，錄影功能可以先不壓縮，啟動按鍵也是一按即錄，而不是還要先跳出一個畫面，詢問使用者是不是要錄影等等。做出初期成品後，先給使用者試用看看，再去調整和加強一些東西，漸漸地產品會越來越完整。這是一個使用、回饋、修改的週期，一直到形成一個平衡。

所以，一開始團隊對這個新產品的想像不用太極致，因為到達極致要很久的時間。這個研發新產品的過程應該是一個滾動的狀態，一直滾動下去。如果過程中沒有使用者的回饋，都是研發者自己想像中理想產品的樣貌，就是閉門造車。

要從過去的做法轉為敏捷，其實是思維上的改變，關鍵是心態要允許失敗，不斷去試，到底使用者要的是什麼。因為現在市場上有太多同質性的商品，使用者有太多選擇，公司產品可能隨時被取代，主管應鼓勵團隊不斷去嘗試，行不通再試其他的。這樣持續下去，團隊也會了解使用者喜歡或不喜歡什麼。

現在是行動的時代，有網路、社群媒體和ＡＰＰ，比過去更容易獲得回饋。好好運用這些管道，能幫助團隊更了解使用者，找到他的需求和痛點。

3.「與客戶合作」重於「合約協商」

目前許多公司與客戶合作，還是習慣甲乙方合約，往往產生「大甲方」與「小乙方」不對等的狀況，這其實不合理。舉例來說，甲乙方要做的這個專案為期一年，裡面有十件事情要做。但從敏捷的角度來看，因為市場變化很大，可能做完這十件事後，市場已經消失了。

此外，人與人溝通也會產生溝通上的損耗。比如，A跟B說了一些內容，B抓到的重點可能只有八成，以此類推，B再跟C說，C再跟D說，一共換了四手，最後聽到的只剩下原來內容的一半，這樣做出來的東西必然不符合市場需求。

而敏捷強調的則是顧客導向，甲乙雙方如何一起做出一個有市場的產品。我們把東西給市場使用，市場會回饋給我們價值，可能是錢或流量。這個價值是甲乙雙方共同創造的，這是一種雙贏的合作關係。

4.「回應變化」重於「遵循計劃」

因為疫情的關係，很多公司在二〇一九年做的年度計劃，到了二〇二〇年，世界一夕變了，計劃趕不上變化。要落實敏捷，主管必須帶領團隊回應變化，回頭調整目標，並且持續學習。

改善溝通，從小處著手

當團隊有了這四個概念後，要在公司內落實敏捷，良好的溝通是關鍵所在。

敏捷有一個精神是共好，這中間要有很多的信任，而透明度可以幫助彼此建立信任。例如，很多話我願意跟你說，甚至包括我的情緒感受，說的時候，你會感覺到我對你的信任。當主管與團隊之間存在信任，溝通上就比較沒有落差。當彼此沒有信任，你往往會去猜想，就會耗費時間；如果你猜錯了，也去做了，又產生了更多的問題。因此，彼此的信任和共好的精神，都是公司必須營造的。

曾有科學家研究指出，如果只用聽覺溝通，而沒有視覺，三個小時後，你只能記住六〇％，三天之後，你只記住一五％；如果用視覺溝通，三小時後你記得七〇％，三天後你會記得四〇％；如果聽覺加視覺，三小時後你會記得九〇％，三天之後記得七五％。這就是溝通過程產生的耗損，想避免耗損，主管應善用聽覺加視覺與員工溝通，讓效率更好。

想實踐敏捷，團隊可以從小處做起，改善溝通效率。例如，開會時，準備5W1H（Who、What、When、Where、Why、How）的牌子放在會議室桌上，讓團隊開會時使用。或者，在公司各處準備便利貼和白板，也有助於提升溝通。

另一方面，進行專案時，冗長的會議容易拖慢效率。團隊可以採取每日「十五分鐘的站立會議」，主題可以談論與公事或團隊相關的事情。一般來說，開會常使工作中斷，若每天都能運用上述做法，員工會先規劃好一整天的計畫，以及那十五分鐘要溝通哪些事情，能協助提高工作效率。有時，站立會議時間超過預定的十五分鐘，往往是因為大家開始討論細節，這時主管就要適時介入引導。

做專案每天都有很多事情發生，沒有人可以知道全貌，而這個短暫的會議就像一個小火花，讓大家知道這裡有什麼事情發生了，員工可以互相了解協助。例如，我工作上遇到什麼樣的問題，另一個人之前也遇過，可以幫忙解決。同樣的，我也可以分享昨天做了一個蠻有意思的東西，提高了效率，會後也許可以分享一下我的學習。

另一個有效開會的做法是，大家串連在一起「說故事」，例如，A講這個專案他負責的部分，可能遇到的問題，B接著講下去，他負責的部分和可能遇到的問題，一直到所有人都講完。這會讓大家感覺在同一個故事（專案）中，提高參與感，而不是一個人、一個人的各自報告，單點溝通專案。

共同付出，形成雙贏

敏捷談五個價值觀，開放、尊重、勇氣、專注，與承諾，其中，員工比較難做到的是勇氣和承諾。

舉例來說，員工本週預定要完成十件事情，但主管又臨時增加五件，因此員工必須加班才能完成，但過程中可能會出錯，讓品質下滑。此時，員工就要有勇氣跟主管說明自己的狀況。畢竟，如果員工答應主管增加那五件工作，就違背了前面十件事情的承諾。

要回應這個變化，雙方都要付出，如果主管沒有付出，可能會造成他認為增加員工工作很容易。主管必須思考，這件事是否有價值，如果有價值，才應付出代價，也許是調整優先順序，某些工作先往後移。

主管要讓團隊願意一起變得敏捷，就必須讓大家知道敏捷的好處，進而產生內在動機。如果只是看到其他公司都在運用敏捷而想跟著做，卻沒有讓大家看到敏捷能帶來的好處，團隊可能隨時會放棄這個做法。

其次是，主管是否願意讓團隊存在「多元」，如果願意，對世界的變化就會越有適應力，面對挑戰時也越有彈性。這中間，主管的態度是否開放就很重要。如何包容員工去嘗試、去犯錯，這是一個鍛鍊肌肉的過程，肌肉不能買到，只能自己練出來。

敏捷不是一個方法、流程，或是過程，只要照著做就會變得敏捷，而是要吸收內化後，才能表現出來。

顧問小叮嚀

擁抱敏捷的Scrum價值觀，讓團隊更靈活

1. 開放 openneSs
對利害關係人、工作、挑戰，保持開放態度

2.勇氣 Courage
有勇氣做對的事

3.尊重 Respect
互相尊重對方為有能力和獨立的人

4.專注 focUs
專注在衝刺計畫（Sprint）工作，朝目標前進

5.承諾 commitMent
承諾品質與產出。

Part3
當部屬卡關時

12.

如何讓團隊協助彼此解決問題

執行力公司總經理　鄭偉修／主答

在帶領公司時我發現，主管們常遇到各種問題，但我們無法馬上請教專家，或立刻從書中獲得解答。有什麼做法能幫助團隊，在遇到問題時互相學習，一起找出解決方案？

許多企業經常有這類的困擾，長期來說，若能建立起團隊互相學習與幫助的文化，不但能提升團隊的能力，也能提高企業的競爭力。

想要解決這樣的問題，我建議運用私董會的做法。私董會是這幾年逐漸盛行的做法，透過大量的提問幫助團隊成員互相學習，看到自己看不到的盲點，並提升解決問題的能力，有助於跨部門團隊的合作。

私董會的全名是「私人董事會」，源自美國，主要推動機構為偉事達顧問公司（Vistage）。會議中，由一位主持人帶領，請一位案主提出自己的困擾或所面臨的挑戰，其他參與者則是透過大量的提問，幫案主想清楚他真正的問題是什麼，之後一起協助他找出可能的解決方案。

私董會運用了麻省理工學院資深講師夏默（C. Otto Scharmer）提出的「U型理論」（Theory U）的精神，大致可分為以下七個步驟：

步驟1 選出案主

私董會的案主是由與會者聽完所有人的問題後，選出最需要解決的問題。

被選為案主的人，要先花五分鐘，跟大家清楚地說明問題的狀況和背景，並強調這個問題對他而言為何很重要。接著，再向大家說明他為了這個問題，目前做出了哪些行動。最後，請大家協助他解決這個問題。

步驟2 探究核心問題

這個步驟是透過提問，讓案主回答問題，藉此整理他的思緒。那些他曾經思考過，或是沒有思考過的問題，往往會在這個步驟中浮現。

這個提問的環節佔會議很大的比重，因為**要先釐清真正需要解決的核心問題為何，後面才能給出有建設性的建議**。事實上，問好的問題，讓對方思考，也正是主管必備的關鍵能力。

在這個步驟，私董會的主持人需請與會者先提問，且只能問開放式的問題。所謂開放式問題指的是，需要案主做出詳細說明的問題，所以不能提出答案為「是／不是」，或「有／沒有」的問題。

常見開放式的問題，有以下五個種類：

1.診斷型提問

這樣的提問主要是在探究過去的事實，並抽絲剝繭，從大到小，逐步限縮問題的範圍，以幫助對方儘快找出核心問題。如果與會者較直率，提出的問題可能會帶來「當頭棒喝」的效果。譬如說，問案主：「當看到公司的中階主管責備部屬，你會怎麼做？」案主回答，會先旁觀。接著他再問案主：「那你為什麼沒有直接跟他說？你在擔心什麼？害怕什麼？」

一般而言，人們的行為會來自本身的觀念、態度，有時這種單刀直入的問題，反而能直接問到案主真正憂慮的事情。不過，追問這種問題時的態度，要看與會者彼此的信賴與默契程度決定。若是在定期召開，且行之有年的私董會中，成員彼此熟識，也有一定的信賴與默契，這樣的問題便是合適的。

但若是才舉辦不到幾次的初期私董會，與會者彼此都還不熟，提出較直率的問題時，可能就需要留意態度，才能在不冒犯案主的情況下，依然達到相同的效果。

2.創意型提問

有時候，私董會上也會出現能激發案主創意、打破框架的問題。舉例來說，一個能幫助案主思考的問題，就是問他：「如果是……？」的問題（What if）。

例如，「如果他是領導力大師葛史密斯，遇到這種狀況，他會怎麼做？」這樣的問題，能幫助案主跳脫本身的角色，激發他的想像，思考新的解決方法。

3.科學型提問

這類型的提問主要是觀察一些現象、事實，根據案主前面的說明，進一步提出問題。和診斷型提問不同，科學型的提問會深入探究支持事實的一些證據，並較重視資料、數據，因此比診斷型提問更嚴謹。

譬如說，「為什麼你會認為你的部屬需要改進？是因為他們的績效嗎？」這樣的問題，就能幫助案主找尋客觀事實，證明問題的狀況。

4. 策略型提問

這類型的提問可運用SWOT分析，幫助案主綜觀全局。全局中包含困難與機會，但人在陷入困境時，通常只看到眼前面臨的難題，較不會一下子就發現其中的機會。舉例來說，主管可能會只看到部屬是技術背景出身，在待人方面需要加強。因此可以試著問他：「你現在好像卡住了，從這個困境中你看到什麼機會？」

另一方面，也可問案主：「未來會遇到什麼樣的困境？面對這樣的困境，你願意付出什麼？」這個問題能幫助案主看清楚事情的全局。或者，問他：「你最後希望達到的目標、理想結果是什麼？你的下一步是什麼？」在面對問題時，人們經常只想到眼前的問題，而沒有考慮到自己「想要什麼」。所以提出這個問題，能有助於案主界定目標，做出計畫。

5.衝突型提問

這樣的提問方式，會比診斷型提問更加直接。要注意的是，提出這個問題的心態應該是，認真且熱心想幫案主解決問題，而不是單純想要挑戰對方。如此一來，提出的問題才會有力又有幫助。例如，可以問案主：「為什麼會發生這樣的事？你當時為什麼沒有留意那些狀況？」

此外，與會者也需注意，避免提出隱含建議的問題。這麼做的原因有兩個，首先，還沒認清真正的問題為何之前，提供的建議可能對案主的幫助不大，甚至可能會誤導案主，擾亂他的思緒。什麼是隱含建議的問題？舉例來說，「你有沒有想過要採取〇〇行動？」乍看之下這好像是個問題，但事實上，提問者已經暗示案主要採取某個行動了。

第二，私董會注重「同頻溝通」，若在提問的步驟中穿插建議，會影響會議的效率。這個概念很像「六頂思考帽」這個幫助腦力激盪的方法，請成員一次戴上一個顏色的帽子，一次以一個角度思考事情。**若在這個步驟出現隱含建議的問題，就會造成大家去思考這個建議的可行性，而沒**

有繼續探究真正需要解決的核心問題。

步驟3 重塑問題

重塑問題，就是重新定義問題為何。在這個步驟裡，每位與會者都能分享自己的看法：若自己是案主，他認為真正的問題為何。譬如說，原本案主認為問題出在部屬，但經過探究之後發現，問題可能在於他沒有訓練好部屬與人互動的能力。

根據我帶領私董會的經驗，一開始提出的問題，矛頭經常都指向別人，因此會讓案主有種「受制於人」的無力感。但是，在重塑問題的步驟中，當與會者提出他們認為的真正問題時，他們就像一面面的鏡子，讓案主看到自己的盲點，產生反思，而導向能「操之在我」的思考。

步驟4 自然流現

私董會的流程從U字的左邊一路往下，接著進入位於U字底部的第四個步驟，也就是最重要的步驟：自然流現（參見附圖）。透過前面三個步驟，此時案主會湧現許多內在的領悟與反思。通常在這個時候，會穿插一個中場休息，讓案主在沒有其他干擾下，思考他於上半場會議得到的收穫，並以一到兩句話，重新定義他的問題，產生「定見」。

舉例來說，有家連鎖業者的高階主管在私董會上的問題原本是：「我如何讓公司的店經理帶領團隊，提升他們內外場的水準？」但經過探究後，他的問題變成：「我該如何協助店經理發掘二線主管，一同重視管理問題，並培育左右手？」

從這個例子來看，案主的問題從原本「受制於人」，變成「操之在我」。當人們覺得事情操之在我，才會有動力想要改變。

讓團隊互相協助，解決問題

步驟5 分析關鍵要素

經過U字底部的步驟後要往上走，進入第五個步驟，也就是請其他與會者幫忙分析關鍵要素。這個步驟可以運用的工具是心智圖。以上述連鎖業者如何協助店經理的例子而言，可以運用心智圖找出一些關鍵要素，包括發現人才、釐清管理問題，以及SOP優化等等。

步驟6 討論建議方案

依照上個步驟分析出來的關鍵要素，請與會者根據各自的經驗，認領其中的問題，找尋可行的建議方案。

進行的方法，可以是分組討論，或是大家一起討論。若再接續剛才的例子，主持人可以請與會者分組，一組討論如何才能發現人才、一組討論如何釐清管理問題，另一組討論如何優化SOP。

步驟7 擬定初步行動計畫

最後一個步驟是，針對前面幫案主分析的數個關鍵要素，各組派代表分享他們提供案主參考的建議，而案主在聆聽完後，除了向大家表達感謝之意，也需向大家提出一個初步的行動計畫，像是何時要完成什麼階段性的目標。甚至，案主也可集結這些寶貴的建議，於會後做成專案，拉出時間線、設定里程碑、做完整的規劃。

在這個步驟中，也應該邀請其他與會者，簡短分享今日會議的收穫，加深所有人的學習。

留意三種狀況

在進行私董會時，有三種狀況需要注意：

1. 盡量不要指定案主。有些公司會指定案主，也許是根據各部門的績效決定，績效最不好的部門主管當案主。在這種情況下，被指定的案主可能會覺得自己是被指責、批判的一方。這樣就和互相幫助的精神有出入。較好的案主產生方式是，大家聽完彼此的問題後，再投票選出。

2. 案主必須真心想解決他的問題。這個問題較常出現在初期的私董會中。可能出現的情況是，提出的問題乍聽之下急需解決，因此提問者被選為案主，但後來經過討論，發現無論怎麼問，案主的回答都指向上級、制度的問題，本身有點置身事外，不是真心想要解決他提出的問題，因此讓討論難以進行。這個時候，私董會的主持人就需適時更換案主。

3.與會者不應急著給建議。這個問題較常出現在同為經營階層的私董會中。因為自己過去豐富的經驗，他們常常會認為案主的問題不難解決，因此一直想要提供建議。要適當處理這種情況，往往也考驗著主持人的控場功力。

能讓與會者「用問題找問題，用答案換答案」，並且互相學習，這是私董會最獨特的地方。參考私董會的做法，在遇到問題時，由成員互相提問、激盪，能幫助團隊較順利地找到解決方案，並凝聚團隊共識。

顧問小叮嚀

提問的心態與技巧

1. 診斷型提問

在互信的基礎下，提出帶來「當頭棒喝」的問題。
例如：「為什麼你沒有直接跟他說？你在擔心什麼？」

2. 創意型提問

以「如果」開頭，激發創意、打破框架的問題。
例如：「如果你是賈伯斯，你會怎麼做？」

3. 科學型提問

觀察一些現象、事實，嚴謹地提出進一步的問題。
例如：「為什麼你認為部屬需要改進？是因為他的績效嗎？」

4. 策略型提問

以SWOT分析，提出綜觀全局的困難與機會的問題。
例如：「從這個困境中，你看到什麼機會？」

5. 衝突型提問

提出直接的問題，但不是刻意要挑戰對方。
例如：「為什麼會發生這樣的事？你當時為何沒留意到？」

13.

如何用微學習提升團隊能力

ATD大中華區資深講師 蘇文華／主答

看到好文章或演講影片，我會推薦給團隊，但因工作忙碌，去看的人其實很少。怎麼做才能幫助部屬運用零碎時間學習，提高能力？

許多主管或人資人員，可能都碰過這樣的困難：同仁因為忙碌，對於你所推薦的學習資源，遲遲不願意去看。在這個時間碎片化的時代，人們很難空出完整的時段來學習知識。為了因應這個難題，幾年前，微學習（micro-learning）這個議題開始流行起來。

微學習指的是，在一段很短的時間內，把精簡扼要的內容，透過某種形式傳遞給別人。二〇一七年美國人才發展協會（ATD）提出微學習白皮書，給出了更簡單的定義：傳遞一口即食的知識（delivering bite-sized knowledge）。

首先，因為強調一口即食，所以微學習的時間很短，一般來說以三到七分鐘為主流，最長也不會超過十分鐘。在短時間內，人們能夠學習的東西有限，因此內容不能太多，要十分聚焦且目標明確。**因為要清楚地知道目標，所以微學習通常有清楚的使用對象，或待解決的問題。**

若能讓微學習成為協助學員學習，以及改變行為的工具，它將能為員工、主管、人資部門，以及公司帶來很大的助益。不過，根據我的觀察，許多人在面對微學習時，容易陷入以下三個盲點：

盲點1 微學習可取代數位學習和實體課程

當數位學習（e-learning）剛出現時，許多人以為人們不用再進到教室上課；現在，因為微學習的趨勢，許多人以為它可以完全取代數位學習和實體課程，這些都是錯誤的觀念。

這是因為，並不是任何內容，都能用微學習的方式來學習。當我們要學的東西是全新的知識時，微學習並不適用。

根據以前讀書的經驗，當我們面對新知時，如果一開始沒有了解一個完整架構，學習將變得十分困難。所以即使學員花了三十天，把所有微學習的課程都看完了，他們很有可能對這個新概念仍一知半解。

因此，當我在談微學習時，更傾向於把它稱作「微支持」（micro-support）。因為在這麼短的時間內，很難讓人學會太複雜的事情，不過，若把它當成用來解決工作問題的工具，發揮的效果將會更好。

當你以微支持的角度來思考時，就能了解，**微學習不是用來取代數位學習和教室學習的，它比較像是上述兩種學習的補充、強化或提醒。**ATD的微學習調查白皮書也指出，八一%的受訪者表示，他們將微學習當作正式訓練的強化內容。

什麼樣的內容適合用微學習來呈現？第一種內容是，員工曾學過，且這個知識對他的工作來說有一定程度的重要性，因此必須在對方可能忘記時提醒。像是教室課堂結束後，接下來每隔一段時間，提供簡短的內容，提醒對方應該熟記的重點。

第二種內容是，員工以前可能學過，工作上也使用過，但在某個時刻就是想不起來到底該怎麼做。例如，當你在準備一個重要的提案時，簡報中有個動畫特效就是用不出來。這時，其實只要一段三分鐘的影片，就能馬上解決你的困擾。

盲點2 時間短，員工的學習意願就會提升

另一個常見的盲點是，因為微學習的一口即食特性，所以認為員工就會願意點開你所提供的三分鐘影片。事實上，員工不願意看這些學習資源，最主要的原因是，他們沒有需求。

許多人誤以為，自己所推薦的內容，是在與其他更好的知識爭奪員工的注意力，但你的最強競爭對手，其實是網路上的眾多娛樂內容。試想一下，員工每天在社交媒體上能收到多少資訊？當他們覺得工作壓力大，生活苦悶時，去看這些娛樂內容的動力，強過你推給他的任何學習資源。

這些學習資源只有在一個時刻，會竄升到他們優先順序的第一位，就是現在工作上需要用到。以上述的簡報例子為例，若員工必須在急迫的時間內，處理好那個動畫特效，即使他在網路上找到的是長達兩頁的文字使用說明，他也會耐心地把它讀完。然而，當員工沒有需求時，即便你把學習資源做成簡短、有趣的動畫影片，他們也不一定會去點擊。

因此，時間長短並不是最主要的問題，提供的資源有沒有打中員工的痛點，才是關鍵。該如何發掘員工的需求呢？以下是三種方法：

✓將非正式學習記錄下來

很多時候，同事之間的談話，是為了協助對方解決某個問題。換個角度想，或許今天這位同事碰到的困難，明天另一位同事也可能遇到。這時，你可以做的是，拿出手機將你們的對話錄下來，接著再分享給其他同仁。如此一來，從明天起，這位資深員工就不需要再回答同樣的問題了。

透過這個方式，即便公司沒有推動微學習，團隊也可以自己製作內容。在許多保險公司裡，頂尖銷售人員沒有時間一一指導部屬。因此，他們將各種經驗，例如「若某種顧客拒絕你時，該如何應對」的解決方法，錄成一段段短片，每天發送，或是上傳到雲端，讓團隊成員可以觀看。

當員工知道這個內容對工作有實質幫助時，他們根本不會在意影片是用專業錄影機，還是用手機錄的。他們只會關心，看完兩分鐘的影片後，能不能獲得想要的解答。

✔收集「大家最常犯什麼錯」的答案

觀察開會時，大家常提到哪些流程上的瓶頸。主管可以讓團隊去收集，在某個工作中，員工最常犯的十個錯誤，或最常問的十個問題。接著，找到那些能提供好的答案的人，請他們分享經驗或提供解決方法。

要留意的是，因為是「工作上」的問題，所以對方肯定不需要三小時才能說清楚，十分鐘應該就夠了。如果需要三小時，這個工作問題就不是問題，而是一個巨大的學習需求，應該開一門正式課程來教導大家。

許多大型企業現在都在推行人力資源事業夥伴（HR business partner, HRBP），也就是讓人資人員進到各個事業單位，與事業夥伴一起工作、一起開會，了解他們真正的需求和碰到什麼困難，接著，再回到人資總部，協助事業夥伴找到他們需要的解決方案。

✓萃取員工的成功精華

傳統的做法是，公司會找出一些優秀員工，將他們訓練成內部講師，或是請他們上台分享成功經驗。但這會產生一些問題：一、不是每個人都適合當講師；二、單純的經驗分享，只會讓台下的員工覺得「對方好厲害啊！」但聽完後，還是不知道他可以怎麼做。

因此，不妨運用「案例萃取」的做法，來製作微學習的內容。舉例來說，金融保險公司的人資部門，會先分析「頂尖銷售人員的成功關鍵」，了解為何某位超級業務員的業績是其他同仁的五倍。接著，再請對方將這些關鍵概念和技巧錄成短片，進一步幫助其他員工。

盲點3 微學習無法追蹤學習成效

根據評估訓練成效的柯氏模型（Kirkpatrick Model），台灣大多數公司的數位學習或行動學習，都只有做到第一層的運用滿意度分析調查學員反應，以及第二層的測驗學習結果，接著，就斷在第三層的行為改變，更不用說第四層的為公司創造價值。

事實上，實體課程和數位學習的傳統課後測驗，並不能協助我們判斷，學員是否真的學會了新的知識，特別是與技術相關的訓練。**想要知道訓練是否有效，最理想的做法是，當員工工作時，在一旁觀察他是否有將新學到的東西，運用在工作上（進入第三層的行為改變）**。

然而，員工需要一段時間，才能內化知識、做出改變，並熟練運用。因此，主管可能要等兩到三週後，才能開始在三個月內，每隔一段時間觀摩員工工作，透過定期追蹤，判斷學習成效。

ATD的行動學習證書課程特別強調，第一、因為時間短，微學習不需要滿意度分析；第二、微學習不需要測驗，因為重點在於，你應該觀察學習者是否在學完後，立刻將學到的東西拿來解決問題。

另一方面，如果對方透過微學習吸收知識後，還是不會運用，那就代表內容的設計需要調整，或是這項知識其實不適合以微學習的方式來呈現，例如前面提到的全新知識。

綜合上述內容，微學習主要有兩種運用方式。首先，配合實體課程或數位學習，將微學習當成跟進、驅動行為改變的工具；第二、確實了解員工的需求，獨立製作各種微學習課程，提供某個工作崗位的員工，在某種工作情境或挑戰下，渴望知道的答案。這就是促使員工願意點開微學習線上資源的關鍵。

顧問小叮嚀

如何設計微學習

- ☐ 內容聚焦，份量輕薄短小。
- ☐ 長度以三到七分鐘為主，最長不超過十分鐘。
- ☐ 擁有明確的使用對象，或待解決的問題。
- ☐ 針對需求設計，而不是將既有內容直接切割。
- ☐ 不適合用來學習嶄新的知識。
- ☐ 學習後，員工要能立刻在工作中使用。

一點筆記

....

....

....

....

....

第四部
當部屬開始比較時

「為什麼他有，我沒有」
「這不公平！」

TIPS

當團隊中出現壞行為時，主管是遏止一切的關鍵角色。

14.

員工學習不良示範，該怎麼辦？

WILEY Everything DiSC ICC 國際顧問認證講師 廖哲鉅／主答

有一、兩位資深員工，在工作中有些壞習慣，其他員工看久了就跟著學。想遏止員工學習不良示範，又不想用殺雞儆猴的方式，讓資深員工沒有台階下，該怎麼做才好？

當部屬做出不良行為時，大多數主管會採取兩種做法：處罰或裝作沒有看到。以最常見的遲到為例，有些主管的做法是，不論部屬有什麼理由，只要不符合規定，就祭出扣薪水等懲罰。然而，若主管不懂得變通，總抱持「一切照規矩走」的態度，也可能會造成部屬的不滿和抗拒。

另一種主管的做法則是，對不良行為視而不見。這麼做可能是因為管不動部屬，或想盡可能避免衝突，選擇睜一隻眼閉一隻眼。但如此一來，不好的行為就容易在組織中擴散，甚至影響到團隊的績效表現。

從3A到3C

事實上，想阻止不良行為到處擴散，應該從源頭開始處理，也就是找到那些做出不良示範的部屬，點出他們的壞行為，並在溝通後協助他們改善現狀。換句話說，當團隊中出現壞行為時，主管是遏止一切的關鍵角色。

無論是要鼓勵好的行為或是改善不良的行為，主管都必須先清楚了解部屬的表現，才能運用不同的溝通方式。一般來說，員工的表現可以分成三種：行為達到期待的表現、行為超出期待的表現，以及行為低於期待的表現（參見圖一）。針對達到期待表現的員工，主管可以給他們一些回饋，但別太過干涉。例如，你可以回饋部屬，當他們需要你的支持時，你會適時給他協助。

面對行為表現可圈可點的員工，你可以透過3A的做法來強化他們，讓他們將工作越做越好。所謂的3A指的是：當部屬表現好時，即時給予讚美（Applause）；欣賞（Appreciation）部屬所做的努力；真誠的親近（Access）部屬與他們互動，建立彼此的信任感。

另一方面，若部屬的表現沒有達到公司的期望，主管可以運用3C的做法協助他們改善。3C指的是溝通（Communication）、了解情況（Condition），以及考慮後果（Consequence）。舉例來說，當員工做出不良行為或表現不理想時，主管要讓他了解，這樣的不良行為會對公司造成哪些負面影響，接著再一起討論解決方案。

然而，在被主管點出問題或是懲處時，有些部屬會因此生氣或不滿。為了避免這樣的狀況，在面對不同特質的部屬時，調整溝通策略，同時也可以思考自己傾向於哪一種溝通方式。

圖一｜部屬表現如何？

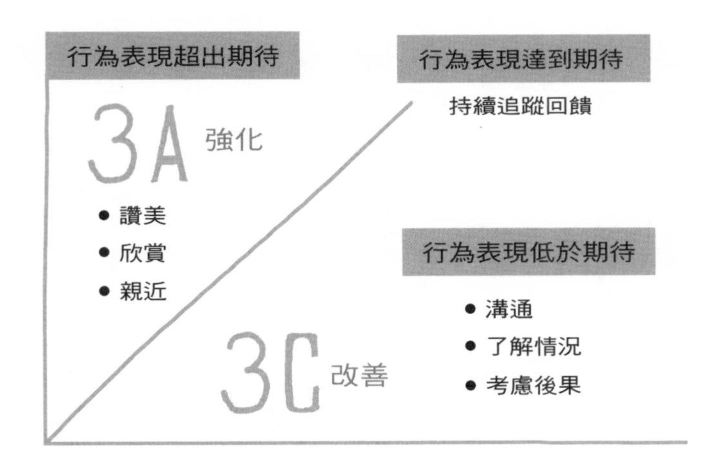

溝通的藝術

根據DiSC人格特質模型，人們在溝通時主要可以分成以下四種類型：掌控型（Dominance）、影響型（Influence）、沉穩型

（Steadiness），以及嚴謹型（Conscientiousness）（參見圖二）。掌控型的人往往比較強勢固執，喜歡不斷往前衝，有行動力且重視結果。在與這一類部屬溝通時，你可以直接講出重點，點出需要談論的議題。以遲到的例子來說，你可以告訴對方：「你遲到了，你知道公司規範是這樣，所以接下來，你應該怎麼改進比較好？」

影響型的人很熱情，喜歡與人互動，無論面對什麼事情總是正向樂觀。面對這一類部屬，主管必須用動之以情的方法與他們溝通。例如，在提醒對方不要遲到時，你可以說：「你怎麼又遲到！要注意一下，下次不要再這樣了。」

若是與沉穩型的部屬溝通，通常比較容易，因為大多數的時候，只要清楚地點出問題，他們就會試著改進。你可以告訴他，他遲到的行為，會讓其他人跟著效法，影響團隊，甚至公司的整體績效表現。

嚴謹型的部屬講究細節，追求精確與邏輯分析，且十分喜歡問「為什麼」。當主管希望這類型的部屬不要遲到時，對方可能會回答：「我的

圖二｜DiSC人格特質模型

Dominance
掌控型

- 直率的
- 結果導向的
- 嚴格的
- 固執己見的
- 言詞強有力的

Influence
影響型

- 樂於交際的
- 熱情的
- 樂觀的
- 精神抖擻的
- 活潑的

Conscientiousness
嚴謹型

- 善於分析的
- 矜持的
- 一絲不苟的
- 孤僻的
- 有條理的

Steadiness
沉穩型

- 性情平和的
- 傾聽他人意見的
- 有耐心的
- 謙遜的
- 圓滑的

客戶在印度，北京時間的一大早他們不會來電找我，通常要到北京時間接近中午時，他們才會上班，我晚一點進公司再忙，為什麼不可以？況且我每天都忙得很晚……」若是這樣的情況，你可以思考是否調整該部屬的工作時間。一般來說，討論的過程合乎情理法，嚴謹型的員工大多可以改善。

事實上，公司的規定不可能考慮到所有情況，因此，除了制定規範時要保留彈性，主管也要針對特殊情況變通。若只是一味地固守規則，不僅會讓團隊的管理變得困難，也容易與部屬發生不必要的衝突。

DiSC人格特質不是固定的，每個人在遇到不同事情時，可能會展現不同的行為。根據我的觀察，中小企業的主管在溝通時，容易傾向影響型或沉穩型，這也是為什麼在碰到部屬做出不好的行為時，許多人都傾向於忽視或不作為。因此，想有效地與部屬溝通，主管應該先了解自己與部屬溝通時的傾向，並調整自己在面對不同類型的人時，展現相對應的溝通特質。

五步驟，杜絕不良行為

若主管發現團隊中出現了不良行為，不妨透過以下五個步驟，即時找出源頭，杜絕不良行為持續擴散：

1. 觀察部屬的日常行為

當團隊成員接二連三地展現相同的壞行為時，要知道誰才是最初的不良示範，就有賴於主管平日對部屬的觀察。留意部屬的日常行為，這也是主管工作中的一項重要任務。這麼一來，你才能在問題發生時，第一時間了解背景，並做出回應。

有些主管會做筆記，記錄員工的行為與工作狀況。這個習慣的好處是，當你在與部屬溝通時，能擁有清楚的人、事、時、地、物等資訊，除了展現你對管理部屬的用心，也能讓談話的過程更聚焦明瞭。

要注意的是，**別誤把「控制」當成「領導」，許多主管過於監控部屬的出勤狀況及工作方式，反而讓部屬不容易發揮所長。**控制是指控制好一件事，而不是控制人，例如，在專案執行中，能控制好專案的時程及預算，使專案能如質、如期、如量地完成。好的主管應該是要引領部屬，給予支持、提升部屬能力，改善工作績效，以達成組織目標，而不是控制人。

2.說出你所觀察到的，等待回應

知道是哪些員工做出不良行為後，主管應該單獨找對方談談。要特別留意的是，當你根據觀察、點出問題時，必須停下來等待部屬的回應。舉例來說，你詢問部屬為何他總是遲到之後，應該提供一個讓對方解釋的機會。

很多時候，員工的行為背後是有原因的。例如，他上班遲到是為了先送孩子上學，這時如果情況允許，或許可以考慮，讓特定部屬在某些規定上擁有一些彈性。了解事情的前因後果，再根據資訊做出判斷，而不是員工一違反規定時就祭出懲罰，能讓雙方避免無謂的爭執，創造彼此都滿意的結果。

3.提醒對方公司相關規範

然而，若員工的不良行為並沒有合乎情理的緣由，例如，遲到只是因為早上總是睡過頭，這時，你應該再次提醒部屬公司的相關規範，以及你期待他展現的行為。

透過這個做法，你可以更有憑有據地要求對方改善現況。此外，你也可以事先與團隊分享你的處事原則，例如，若因為特殊狀況而無法遵守公司規範，只要能提出具體緣由，你便能協助彈性調整規定。在了解主管的原則後，員工也會更清楚該如何與你互動，以及拿捏自己的行為舉止。

4.讓部屬自己提出解決方案

釐清問題根因與再次提醒後，你必須與部屬一起訂出接下來要採取的行動，才不會讓溝通只停在討論的層面。這時，不妨詢問對方打算如何調整現況，讓部屬自己提出改善方案。

儘管對方可能會猶豫很久才提出具體辦法，但正因為是他自己提出的，若最後他的行為還是沒有改進，他也不好找其他理由來逃避責任。

5.相信對方說到做到，達成共識

當主管與部屬都同意採取某個解決方案時，你必須相信對方會說到做到，相信他的行為會因此改善。如果主管與部屬之間缺乏信任，很多事情都將無法推動。

經警告後，若過了一段時間，部屬的不良行為仍然沒有改善，以致於影響工作，主管可採取一些行動來警惕部屬，例如調職，甚至是降職，讓他知道他所在的職位重要性。

要是在接受懲處的三個月後，員工還是一再犯相同的錯誤，主管可能就要認真思考，是不是該處理這樣不適任的員工了。這個考慮的出發點是要幫助部屬，因為**當某個人在某個崗位上一再犯錯，無法展現該有的行為、能力與績效時，很可能代表這個職位根本不適合他**。例如，若某個人就是沒辦法早起準時上班，早上上班也無法發揮水準，這可能代表他比較適合工時彈性或是在家接案的工作。

當主管認為員工的行為無法達到公司的期待時，當然可以做出裁決，但前提是，必須先經過上述的溝通步驟。你應該先認真觀察、給予調整的機會，最後才做出抉擇，而不是主觀地認為部屬沒有能力，便直接請對方離開。

主管的職責是提升部屬能力，改善他們的績效，以達成組織的目標。若主管對於團隊中的不良行為視而不見，或沒有花時間協助部屬改善，員工將不會獲得成長，公司也就不會擁有能推動組織前進的人才。

顧問小叮嚀

如何協助部屬改善行為

- □ 平日多關心部屬，記錄大家的工作狀況。
- □ 點出問題後，給予對方說明的機會。
- □ 先了解來龍去脈，再決定該採取的行動。
- □ 再次提醒規範，並清楚表達你的原則。
- □ 思考改善行動時，讓對方自己提出解決方案。
- □ 信任員工，相信他會說到做到。
- □ 若再犯，祭出懲罰時要謹慎溝通。

一點筆記

Part4
當部屬開始比較時

15.

如何在團隊中創造良性競爭

陸易仕國際顧問公司總經理 謝文憲／主答

我是一位業務主管，公司會把業務人員分組比賽，但後來造成了惡性競爭的現象，像是互搶資源，資深業務不願意協助新人，造成新人業績差，流動率也高。我該怎麼做？

一般來說，只要有人的地方，就會有競爭，因為人們自然而然就會有比較的心理。兩個人在一起，會比較工作、比職稱、比公司，甚至連兒女的成績或自己的病例，都能拿來比較。

若適度地管理競爭，能激發個人和團隊向前進的動力。相反地，若完全放任不管，可能會造成惡性競爭，導致整體戰鬥力、士氣下滑，以及離職率上升。

因此，**公司不妨讓競爭自然發生，而主管的任務則是，將團隊成員的競爭導往良性的方向**。在這之中，主管扮演著關鍵的角色，所採取的策略與抱持的心態，會影響競爭的好壞。

根據我的經驗，業務單位裡的不良競爭，主要是由以下三個盲點造成：

盲點1：餅就是這麼大

許多人太專注於眼前的市場，想搶下眼前的商機，卻忘了思考、探詢，在這個領域外，可能隱藏的其他潛在商機。

他們往往認為「餅就是這麼大」，沒有去思考可以開創新的機會，反而覺得餅只有這麼多，我如果教了你一點東西，我就會少一點東西。或者，有些人認為「多教就會被取代」，擔心若教對方太多，有一天會被超越、被取代。

盲點2：為什麼是我要教你？

這是個很典型的問題。許多業務人員認為：「我又不是主管，我為什麼要教你？」假設一個業務團隊中有八位業務，有新人加入，主管請資深員工帶領新人學習。這位資深業務很可能覺得：「為什麼這不是你的工作，或是人資部門的工作，而是我要負責？」

盲點3：為了業績，要搶到顧客

有些公司會提供多種不同的產品，且設有專門的業務人員負責銷售。這樣一來，不同業務可能會遇到同一位顧客，產生公司內業務人員爭搶顧客的情況。

創造共享的氛圍

要避免落入以上這些盲點，就必須透過主管的管理。身為主管的你，必須負責讓每位業務人員覺得平衡，並更好地配置資源，讓資深員工扮演好他的角色，較資淺的員工也能從中學習。建議公司和主管可以從以下五個方面著手：

1. 從組織切入 設立輪調文化

待在一個部門久了，就像在舒適圈待久了，主管與部屬往往會產生惰性，覺得這個環境永遠都會很穩定。為了避免這種情況發生，企業需要創造一種「調職正常化」的文化。藉由組織的設計，讓業務單位有一種認知，那就是你不會永遠在同一個單位工作。

換句話說，A單位的主管可能會調到B單位，B單位的主管也會調到C單位，訓練員工摒棄既得利益的想法，建立「我不可能永遠捧著金飯碗」的認知。事實上，真正優秀的主管，既能在好的單位帶領團隊創造好的績效，也能在普通單位或是情況不太好的單位，創造好的績效。

譬如，有位業務主管在花蓮分公司做出一番好成績，依照公司的安排調到台北後，他在台北競爭更為激烈的環境中，也能交出一張漂亮的成績單。這就證明了他的能力，為他接下來的職涯發展鋪路。

2. 從制度切入 設立團體獎勵金

根據我的經驗，想解決業務單位惡性競爭的問題，釜底抽薪是較好的辦法。有一個方法，既能避免惡性競爭，又能激發資深員工帶領新人的動力，那就是除了設立業務人員的個人業績獎金之外，也設立給整個業務團隊的團體獎金。

公司可以從個人的獎金撥出一定的額度，變成團體獎金，團隊成員無論貢獻多少，都均分這筆獎金。舉例來說，一家房地產業者建立了一個「八％＋四％」的制度。

假設某分店這個月的業績是五百萬元，你負責的業績是一百萬元，達到目標就可以領到八％，亦即業務人員個人的佣金（commission）八萬元。還有四％，則會成為店頭（團隊）的佣金，也就是團獎。這筆錢會放到一個池子（pool）裡，只要團隊百分之百達成目標，整個團隊就能共用團獎，例如大家一起聚餐。

若某個人這個月業績比較差，就會影響到團隊。因此，主管應鼓勵業績好的資深員工，協助新人提升業績。只要新人的業績提升，團隊就能獲得更多的獎金。此外，主管也要讓資深員工了解，今天你幫助新人，有一天若你業績不好，其他成員也會協助你。

3. 從獎懲切入 晉升，是看你帶了多少人

主管應特別獎勵那些願意帶新人的資深員工。某家公司有個特殊的規定，若想晉升店長，要看的一個重要指標就是，總共帶了幾位新人業務員，從試用到正式錄用。

公司的做法是，一位資深業務員帶一位新人業務，就會記錄在資深員工的員工資料表中；若沒有做超過試用期，資深員工的資料中便不會留下紀錄。

相反地，一位資深業務若想要往上晉升，卻完全沒有帶過新人，可能就比較難達成這個目標。店長需要帶領一家分店或一個單位，但若連一個人都帶不起來，不太可能帶起一家分店。

換句話說，若要晉升業務主管，並不是選業績最好的，而是選比他人更具領導能力的人，而個人的業績，只是其中一個參考指標。

4. 從教練的能力切入讓團隊覺得「贏了」

一般來說，業務人員是有「任期」的，也就是你不太可能一輩子都當業務人員。主要原因有三：一、面對「高目標、高壓力」的月循環，人會產生倦怠感；二、隨著年齡增長，體力下降；三、藉由往上奮鬥的過程，人會達到自我實現。

因此，在當業務人員一段時間後，許多人會希望能晉升管理階層。而優秀的主管通常也是一位教練，懂得如何協助員工成長。

不過，從純粹當員工到當教練，思維完全不一樣。教練必須具備的能力，除了懂得教導員工之外，還必須創造一種贏的氛圍。業務人員往往喜歡「贏的感覺」，這會讓他們有繼續拼下去的動力。身為主管，你的任務就是創造贏的氛圍，即使沒有贏，也要讓團隊覺得「好像贏了」。

舉例來說，這個月的業績可能是在這個區域排名倒數第二名，其實表現不太好。但是，一個具備贏的思維的業務主管，就會想辦法鼓勵團隊、激發團隊的鬥志。這樣的主管會說：「雖然業績倒數第二名，但我們已經很努力，有不錯的成交件數。儘管成交是多個小案子，但要成交也不容易，這代表你們真的付出了心力。大家一定要記取教訓，乘勝追擊，把業績追回來好不好？」

另外，當主管聽到有人在說別人的壞話，要即時制止，因為這就是出現惡性競爭的一個徵兆。**你應該幫助部屬釐清，是事情出現問題，還是人有問題？「你覺得他有什麼事情是不對的？請列出來。」藉由這樣的提問提醒對方，討論時，要對事不對人。**比如，可以問他：「那天發生什麼事，他為什麼要搶你的客戶？那真的是你的客戶嗎？」

5. 設定公平的目標 資深資淺各不同

最後一個是要設定公平的目標。資深業務和新人業務的能力不同，因此要根據各自的能力，設定適當的目標，而非採用業績目標每人均分的「除法管理學」。

資深員工往往擁有豐富的經驗，自然較容易達成目標。因此，較好的做法可能是，五百萬元的業績目標中，資深員工負責兩百萬元，較無經驗的新人，也許負責二十萬元即可，只要全部加起來有達到五百萬元就行了。

在這種情況下，主管需要好好跟資深員工溝通，傳遞出他是公司的最佳戰力，引發他產生一種「捨我其誰」的精神。同時，主管也可以鼓勵對方在遇到問題時隨時提出，讓他知道你會協助他解決問題，他可以放心全力衝刺。

沒有帶不起來的人，只是沒有找到適合帶他的方法而已。主管的一個重要職責，就是找到能和每一位部屬溝通的方法，設法讓對方聽進去。

競爭，適當就好

在業務單位，通常會有兩個比較常出現的狀況。第一個狀況就是挖角很嚴重，有好的業績，又會帶人，就可能被挖角。事實上，主管應該要理解，業務單位的人員調動是正常現象；若一個業務團隊人員都沒有調動，才可能會出現危機。

第二個是互相比較。業務間互相比較很正常，例如薪水，很難消弭比較。面對這個挑戰，主管要設法避免情況失控，盡量將競爭導往良性的方向，而不是刻意放大比較。譬如說，你可以適當用薪水激勵其他成員，像是：「王大明這個月的業績很好，領了二十八萬，掌聲鼓勵。」

要注意的是，主管不能將業績、薪水當成唯一的指標，不能像是不斷擰一條濕毛巾，時時緊盯業績。要使一條快乾的毛巾再擰出水，就要先將毛巾沾水。因此，主管要透過其他的東西，鼓勵團隊繼續向前、繼續成長。

比如，請同仁分享最近閱讀的一本書、看的一場電影等較軟性的話題（毛巾沾水），淡化團隊內的競爭氣氛。當主管將風向帶往非業績的方向，部屬自然也會理解，要有良好的生活和有足夠的薪水，前提是要先創造好的業績。

另一方面，主管也可以運用「看板效應」，引發團隊向前的動力。以棒球隊為例，提到統一獅，你會想到誰？你心中想到的第一位明星球員，就相當於那個球隊的看板。

在業務單位中，若團隊中有成員離目標更近了，一定要即時開會，當眾表揚這位成員，同時也暗示其他人要加緊腳步。部屬觀察到主管以誰為看板人物，便會了解，主管希望大家多跟他學習。如同肉粽，要先把頭拿起來，才容易提起整串肉粽。一個單位有一位好的看板人物，只要他起來，團隊很可能就會跟著起來；相反地，業務單位沒有看板人物，就會成為死水一灘。

要注意的是，在運用看板效應時應該謹慎，拿捏其中的平衡。**一個**

團隊裡應有明星球員，可以讓大家學習，但也不能讓其他人沒有露臉的機會，才能避免另一波負面影響。

有句話說：「贏球諸葛亮，沒贏豬一樣。」在我看來，業務單位其實就像是一支職業運動球隊，要能贏球。競爭為人之常情，若適當運用，便能燃起團隊向前衝的馬力，達成每個業績目標。

顧問小叮嚀

如何建立良性競爭的業務團隊

- ☐ 建立輪調文化。
- ☐ 設立團體獎勵金制度。
- ☐ 藉由晉升鼓勵資深業務帶新人。
- ☐ 讓團隊覺得「贏了」，來鼓勵團隊。
- ☐ 為不同資歷的員工，設定不同的目標。
- ☐ 用軟性話題淡化競爭氣氛。
- ☐ 透過「看板人物」激勵其他成員。

一點筆記

16.

如何設定關鍵績效指標

資誠企業管理顧問公司董事 桂竹安／主答

在訂定團隊成員的KPI時，我有些苦惱，業務部門有清楚的業績目標，但後勤支援團隊像是人資這樣的部門，該怎麼訂定恰當的KPI？

關鍵績效指標（ＫＰＩ）就像是公司的健康指標，能告訴我們，公司、員工是否都朝著目標邁進。因此，無論是哪一種性質的部門，都可以訂定出適當的ＫＰＩ。先從公司來看，若一家公司很難為每一個團隊訂定ＫＰＩ，很可能是因為以下四個原因：

1.沒有從公司經營的制高點，思考明確的短、中、長期策略發展方向與目標。

2.訂定策略時，太偏重業務單位，忽略其他單位在整體企業目標達成，與價值實現的過程中，必須協同擔負的責任與角色。

3.主觀地覺得非業務單位不好訂定ＫＰＩ，因此沒要求單位主管盡全力想出ＫＰＩ。

4.沒有創造對話空間，讓經營團隊有「橫向」交流、集思廣益，甚至爭論、形成共識的機會。

事實上，若從顧客導向的觀點，將前線單位視為後勤單位的顧客，就不難從顧客需求的角度，為支援單位訂出ＫＰＩ。舉例來說，大家常常覺得法務部門很難設定KPI。我過去就曾被法務長問過這個問題，難道要將勝訴率、勝訴賠款金額訂成自己的KPI？

這時，不妨換個角度思考，法務單位屬於支援性角色，協助前線單位拓展公司業務，和處理合約等議題。因此，在設定法務單位的KPI時，可以從流程改善的觀點，彙整過去處理案件的歷史紀錄，統計案件的平均處理時間。接著，再從提供協助的效率與執行結果切入，針對「過去從進案到結案，平均需要多少時間」，訂出一項KPI。假設統計顯示，結案進程大約為兩個月，在設定目標時，就可以思考，是否能將時間縮短到一個半月，以提升效率。

因此，**在設定KPI時，最重要的關鍵在於，主管是否釐清了該單位的工作職責，以及該工作完成後的產出，能為公司創造哪些「重要價值」**。

策略KPI與營運KPI

一般來說，ＫＰＩ主要可分為兩大類：

■策略ＫＰＩ：將公司的策略目標層層向下分解，並訂出指標，再依照功能，分派給各個單位承接的指標。

■營運ＫＰＩ：與企業現階段策略目標較無直接連接，偏向從單位關鍵「角色與職責」（Role & Responsibility, R&R）角度思考而訂定的ＫＰＩ。

許多公司在設定ＫＰＩ時，常過度著重營運ＫＰＩ，透過由下而上的方式，讓各個部門提出，自己接下來要達到哪些目標。然而，根據我們的經驗，這樣訂定ＫＰＩ，容易造成企業策略與部門運作重點脫鉤，各單位也可能基於本位主義，只專注在自己可以控制，或認為重要的事情上。

例如，採購部門一般認為「降低採購成本」是很重要的，不過若公司現階段策略重點是，提供客戶即時且高品質的產品，採購重點可能就不是成本最低，而是可信賴的優質供應商。

因此，公司在設定ＫＰＩ時，除了從部門營運面思考外，更應該適度地從達成公司策略目標的角度，向下拆解。

例如，若公司的一個策略重點為「拓展高價值客戶」，除了從客戶成長的角度，訂出「價值客戶年成長率超過四五％」的策略ＫＰＩ外，也可進一步要求研發單位，針對價值客戶發展相應的產品，訂定「針對價值客戶需求而開發的產品數」指標，讓相關單位的目標與企業策略連結。運用這種做法，也可幫助公司追蹤衡量同仁的貢獻，是否有助於組織策略目標的達成。

換句話說，高階主管應該先想清楚組織策略，接著才進一步思考，如何透過衡量指標，更具象地讓所有同仁知道，公司想要做什麼事情，定義出什麼叫成功。

不同職位和部門，與組織策略的關聯性也有所不同。因此，在訂定ＫＰＩ時，必須注意策略和營運ＫＰＩ之間的平衡。當個人的職級越高，或是該單位屬於公司的核心價值創造者，它的策略ＫＰＩ比重就會較高；相反地，若職位較低或屬於支援角色的部門，營運ＫＰＩ則會佔比較重的比重。

設定策略ＫＰＩ

該如何將策略目標轉換為各項指標？**除了透過策略規劃的流程，制訂關鍵策略方向外，公司可以運用平衡計分卡的四個構面：財務、流程、顧客，和學習與成長，來逐步拆解**。例如，若公司的策略主題為「創新」，從流程的構面來看，「新產品開發數」、「新產品開發所需時間」等，就是可以衡量的指標。

訂出指標後，各單位便能按照該指標與自己部門的相關性，發展策略ＫＰＩ。這時，會出現兩種情況：

一、該單位的主要工作與公司層級ＫＰＩ有直接關係。以「新客戶開發數」指標為例，因為它與業務單位的工作相對應，業務單位可直接承接此ＫＰＩ。

二、該單位的工作沒有與公司層級ＫＰＩ直接對應。這時，可試著將該指標與角色與職責連結，訂出策略ＫＰＩ。

舉例來說，上述的「新客戶開發數」指標，因為研發部門不會直接接觸顧客，而是透過開發新產品來吸引他們，所以該單位或許可以將ＫＰＩ設為「針對目標新客戶所開發的新產品數」。也就是說，針對新顧客所研發的產品，有一定成功銷售實績的產品，必須達到多少件數。

設定營運ＫＰＩ

一般來說，營運ＫＰＩ的設定可從下列幾個角度思考：

■現行組織運作時，面臨到哪些關鍵且急需改善的議題。

■經營管理團隊關注的焦點（例如，３Ｍ公司講究持續創新）。

■影響範圍涉及多個部門，甚至整個組織營運議題。

當高階主管花越多時間想清楚策略層面的議題，個別單位在訂定KPI時，所需要花費的時間就越少。然而，若公司沒有那麼多時間，詳細地設定策略KPI，部門或個人也可以試著採用下列四個步驟，從日常工作出發，訂出營運KPI：

1.抬頭看天：了解公司／部門的主要經營模式

了解公司現在關注哪些議題。若高層沒有明確地告訴大家，明年的關鍵策略是什麼，那你可以換個角度思考，公司最近一天到晚都在談什麼？公司現在重視的是什麼？是獲利、市佔率、新市場拓展，還是創新？

2.低頭看地：釐清每天的工作內容

花點時間盤點一下，自己每天都在忙些什麼。當你在彙整時，別忘了做個紀錄，方便後續的歸納與分析。

3.把天和地連結起來：找出產生價值，或需改善的工作

當你抬頭看公司的重點議題、目標和關鍵要求，低頭看自己的日常工作到底在忙什麼，兩相對照，便能找出哪些工作能為公司創造價值，這些事務就是你本身的主要價值產生領域。

4.訂出KPI：針對主要價值產生領域，訂立目標

接著，再從這個主要領域去發想，有哪些指標可以衡量它的成果。例如，增加營收是公司很關心，也是業務日常工作的一部分，因此，業務人員就可以設定一個「業績提升一五%」的KPI。

KPI設定的常見迷思

訂定KPI時，許多公司總會不小心陷入以下迷思：

✕較偏重財務構面。

✕不夠具體，未設置衡量標準。

✕項目同質性太高，或分類太細。

✕項目太多，導致各項目比重偏低。

✕太著重於操作細節。

✕忽略部門或個人可直接掌握的程度。

若想避開這些錯誤，公司不妨留意下列五個關鍵：

1.與公司目標或關鍵議題連結

訂定ＫＰＩ時，除了考慮工作職責與價值外，也應該思考，自己的工作中，有哪些任務或目標的達成，會為公司的策略目標帶來重要影響。例如，若你發現某些工作環節阻礙了公司運作效率，這些環節的改善，就是你的工作與提升公司經營效能的連接點。

2.兼顧領先與落後指標

除了落後指標外，ＫＰＩ也應該包含領先指標。顯示財務結果的落後指標固然很重要，因為比賽最終還是看結果。然而，對負責流程改善，或提升顧客滿意度的單位來說，他們的工作是組織將來發展的重要關鍵。因此，反映現在行為，和未來可能造成結果的領先指標，也不可或缺。

舉例來說，以平衡計分卡的構面來看，公司能賺到錢，是因為顧客買你的東西（財務）。然而，顧客為什麼願意買你的產品和服務？可能是因為公司內部流程做得不錯，有二十四小時在線服務（流程），或是因為公司找到了對的人才，讓他們接受適當的專業訓練（學習與成長）。

3.符合SMART原則

ＫＰＩ的設定要符合ＳＭＡＲＴ原則，這是最基本而重要的。ＫＰＩ必須明確、可衡量、有挑戰性且可以實現（ambitious and attainable）、有關連性，以及有時間限制。

4.控制ＫＰＩ項目數量

為了協助同仁聚焦重點工作，不會因太多目標而分散了注意力，ＫＰＩ最好設定五到八項就好，即使需要多一點項目，也建議最多不要超過十項，否則就失去「關鍵」的意義了。

5.注意權重的合理性

若某項指標的權重越高，就代表了它對達成組織目標的貢獻度越大。這也會讓員工明白，公司對這項目標的重視程度。例如，「增加Ａ類產品的營收額」佔公司整體策略目標的比例，比「提高新興市場營收」的比例高，這代表相對於「新興市場的開拓」，公司現階段更著重在「增加Ａ類產品營收」上。

若某個部門比較沒辦法控制某項指標的結果時，公司就要思考，讓該部門承接這項指標是否合理。例如，公司的業績要達成多少，身為火車頭的業務單位主管，在設定部門指標的權重時，該指標所佔的權重應該要比較重，可能佔五〇％；然而，對研發單位來說，雖然該項目也很重要，但它可能相對在部門權重佔的比例，只有三〇％左右。

最後的重要提醒是，KPI是工具，不是目的。它是企業的健康指標，能告訴我們，公司現在的營運狀況如何、有沒有朝著目標邁進，以及確保員工知道努力的方向，對組織有所貢獻。

因此，公司在推行KPI時，應該抱持著正確的心態，避免為了追求短期目標而不擇手段，忽略指標訂定的目的與績效管理，是為了協助企業變得更好、更有效的初衷。

顧問小叮嚀

好的ＫＰＩ長什麼樣子？

✕ 不適當的ＫＰＩ	△ 需要改進的地方	◯ 理想的描述方式
人員士氣提升	無法量化	人員敬業度調查分數較去年提升10%
每月零用金報支金額不超過一萬元	過於瑣碎	每季營業費用金額不超過三千萬
匯率波動較去年降低10%	無法影響	匯兌損失較去年降低10%
市佔率提高10%	過於粗略	新品市場佔有率提高10%
發薪正確率達100%	組織的基本要件	各職等平均薪資水準為市場值之75百分位

17.

獎金該如何發放，才能激勵團隊？

美商韋萊韜悅企管顧問公司
台灣分公司人才與獎酬諮詢副總經理 李彥興／主答

我們是一家販售系統的公司，過去曾發生業務人員太看重獎金，影響了公司文化和團隊合作的情況。在設計業務人員，或團隊的獎金時，我們應該注意什麼？

獎金制度，不應該是公司的管理員。根據研究顯示，有九〇%的公司都想要修改獎金制度。原因可能是業務人員表現差強人意，或是市場突然變動。但光是修改獎金制度，往往不足以真正解決問題，因為，**獎金只是驅動公司業務成功的一環，只是一種激勵元素，不應該用獎金制度管理員工。**

如果用獎金制度來管理員工，可能會讓業務人員為了獲得獎金，賣給顧客不適合的產品。舉例來說，在主管機關還沒有介入訂定相關法規之前，早年，投信公司做一檔高風險的基金，會請銀行業務人員銷售並發放獎金。因為獎金高，可能造成業務人員那個月只想賣那一檔高風險基金，並未考慮到這位顧客已經退休，不適合高風險的產品。

另一方面，當公司在檢討業績時，如果主管認為這個月的業績不好，是因為獎金的問題，其實就已經把「管理業績」這個責任推到獎金制度上。

只用獎金管理業績，通常會造成反效果。例如，最近A產品賣不好，就主打A產品，並修改獎金制度，忽略了其他產品的行銷。下個月開檢討會時，A產品的銷售成績也許很好，但是其他產品卻差強人意。這個方式進行過幾次後，公司很可能會逐漸流失客戶，因為業務人員不是依照客戶需求推薦產品，而是依照公司設的獎金制度。

以業務策略為原點

因此，比較理想的獎金制度是，根據公司業務的策略，和業務人員的管理來設計。也就是，以公司的業務策略為原點，推導出管理業務的方式，再到獎金制度的設計。業務管理模式當中必須包含：業務人才與技能的運用、對的機會，以及激勵方式（參見附圖）。

想要業務人員成功，應該先思考公司的業務策略。公司在這段期間想要主推哪種類型的產品？是應該要以個人戰，還是以團體戰為主？假設公司是要推動業務人員個人來銷售產品，獎金制度就應該較重視個人。之

3大關鍵齒輪，驅動業務策略的成功執行

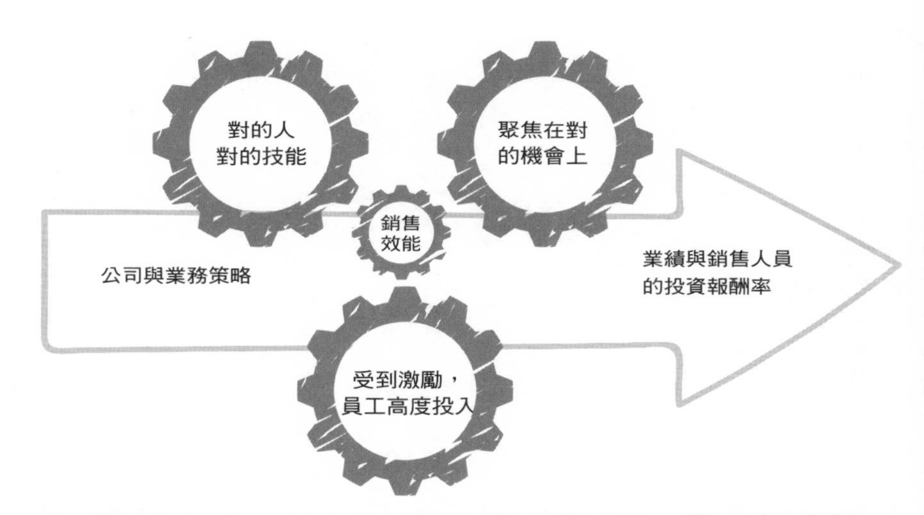

後，配合這個策略，將業務人才與技能運用在對的地方。舉例來說，在十位業務人員中，有兩位特別資深，公司可以指派他們和大客戶互動，而不是業績均分十人，每人分十分之一。

接著，就是抓住對的機會。這一個環節要考慮的是，人才的分配是否符合產品銷售的流程以及設計。舉例來說，先分析每個客戶的潛

在需求，針對機會較大的客戶，投入更多時間和資源，而不是每個客戶都投入一樣的時間。

策略定了，人才和機會對了，接下來才是獎金制度的環節。一個好的獎金制度通常會有三個要素：

1.目標達成率

建議公司以業績目標達成率來發放獎金。要注意的是，在進入比較困難的市場時，公司要適時地提供支援，做好相關配套措施，才不會出現業務人員覺得目標太高的情況。例如，若業務人員A負責的銷售區域要增加一百個企業客戶，目標達成率的分母就是一百；業務人員B負責的銷售區域要增加一千個客戶，分母就會是一千。增加一百個客戶的目標，不一定比增加一千個客戶容易。因此，公司管理的重點應該在銷售區域規劃與目標設定。

另外有些公司的做法是讓業務人員抽成，業績做多少，獎金就給多少。將客戶和產品切得非常清楚的公司，像是房仲業或者代理商，會很適合這種做法。

然而，一般公司的業務人員，不太適合抽成這個做法，因為公司許多產品，往往是同仁共同努力的結晶，用「目標達成率」來計算獎金，才是較恰當的做法。

2.設置門檻

這是獎金制度設置要素中，最有效的一個。想要鼓勵員工更加努力達到業績，便可以採用這個做法。一種做法是業績只要多二〇%，獎金就可以多兩倍；另一種做法是，業績只要少二〇%，獎金就會少五〇%。**大部分的人比較怕失去，失去的壓力往往比獲得更多的誘因大，因此通常後者更會激勵業務人員。**

然而，在運用門檻時，需要留意兩個地方。首先，不能把門檻當業績的目標（天花板），門檻只是給員工一個標準，公司可以透過調高標準，讓業績提升。

第二，要留意敘獎績效的評量期間。例如，某家公司產品的銷售週期是三個月，敘獎的評量期間卻是一個月一次，這樣的衡量方式就不太恰當，以「季發」的方式計算會更好。

3.設置卓越高標

這個做法能激勵業務人員，再多努力一點，以達到更高的目標。舉例來說，門檻可設八百個客戶，高標是一千兩百個客戶，中間值是一千個客戶。可能的獎金設置辦法是，有八百個客戶，獎金是五萬元；到一千個客戶，獎金是十萬元；業績做到一千兩百個客戶（高標），獎金是二十萬元。其中，從八百到一千個客戶，業績只差二〇%，但獎金就差了五〇%，這樣的設定通常是來自公司的經驗法則。

此外，在設計獎金制度時，建議公司應將銷售部門高階主管的獎金另外計算。若高階主管和業務人員用的是同一套獎金制度，可能會讓高階主管產生私心和盲點。他們可能會想，這個事情到底是為了團隊而做？還是為了我個人？

農夫，還是獵人

面對不同的策略和業務人員，適合的獎金制度也會有所不同。有些公司是一種獎金制度，所有業務人員共用；也有些公司是很多種獎金制度，對應很多種業務人員。一般來說，公司的業務人員大致可分類為農夫型（farmer），和獵人型（hunter）。

農夫型業務人員的個性通常會較保守穩定，較適合銷售較穩定的產品。舉例來說，醫療器材中，屬於耗材的棉花棒、針管，或是一些銷售週期比較短，量多價低的產品，這個月的銷售數量不會比上個月多出很多，便是屬於較穩定的產品。

如果以客戶來區分，農夫型的業務人員比較適合和老客戶互動。一般來說，這類業務人員的獎金，會在全薪中佔較少的比例。可能是底薪八○%配獎金二○%，或底薪七○%配獎金三○%。

相反地，**獵人型的業務人員，個性通常較願意冒險，較適合銷售變動性大的產品**。舉例來說，有些產品是每半年或一年才下一次單，讓業務人員「三年沒飯吃，一飯吃三年」的產品，就是變動偏大的產品。因此獵人型業務人員的獎金會佔較高的比率，可能是底薪和獎金對半分，甚至可能是底薪四○%，獎金六○%。

請對的人銷售對的東西，是個必須留意的關鍵。若分配獵人型的業務人員，去做農夫型的銷售業務，因為冒險的個性，他有可能會對客戶開出過多的承諾，為公司帶來困擾；相反地，若指派農夫型的業務人員去做獵人型的銷售業務，像是探索新客戶，可能會造成他心理上的壓力。

你訂規則，我玩遊戲？

在調整獎金制度時，公司應該多方面的考量，不能單方面的調整。舉例來說，如果公司希望業務團隊多銷售新產品，因此決定下個月的業績只看新客戶的人數、新產品的銷量，其他都不算，這對業務人員來說，就是個不可能的任務。

此外，公司想要提升業績，必須從業務策略、業務人員的管理著手進行，通常會有以下三種方法：第一、在策略上調配。例如，業務人員負責的區域或客戶沒有改變，但在這一季，公司投入更多行銷或服務資源，幫助新產品的銷售。

第二、有些公司選擇不去改變獎金制度，而是重新調配業務人員負責的銷售區域。例如，一名業務人員負責銷售區域是台北市，這個區域已經擁有許多老客戶，他們主要的需求是維修或升級。為了配合公司推動新產品，這位業務人員要多負責一個客戶較少的縣市。

第三、不改變策略和業務團隊，而是改變獎金制度，例如，賣出新產品，獎金加碼。不過，根據我的觀察，獎金上的變化常常是最短效的。

有一句話說：「你訂規則，我玩遊戲」（You set the rules, I play the game.）。只要公司一改獎金制度的規則，業務人員就會想辦法創造對他有利的情況，例如，他可能完全放棄銷售舊產品，或是推薦新產品給不適合的人。因此，**想要調整獎金制度，更有效的方法，還是從策略、業務團隊的管理著手進行調整。**

在這個部分，公司應避免出現獎金制度無法配合公司的策略，以及業務團隊管理的狀況。假設公司的策略是，投入很多資源在新產品的行銷，並調整業務人員負責的區域，可是獎金制度還是看銷售產品的總量，而公司推出的新產品數量也不多。這種狀況下，為了保住獎金，大多數業務人員依然會花大部分的時間在銷售舊產品上，與公司的策略背道而馳。

另一方面，若公司想要透過獎金制度的設置，加強業務人員的團隊合作，則需要在獎金制度的衡量標準裡，加入「團隊合作」這一項評分標準。然而，團隊合作往往很難評量，因此比較好的做法是將評分的工作，交給大家能夠信服的高階主管負責。

如何發放獎金

隨著公司的業務發展，業務人員有時會需要技術、客服、行政部門的協助。公司在發放獎金時，通常會面臨以下幾種挑戰：

第一，只有業務人員有獎金，這樣的制度是否恰當？有些公司會在業績達成時，每個人都發獎金。但若所有員工都有獎金，這個獎金就不是業務獎金，而是績效獎金。也有些公司的做法是，有參與案子的人才有獎金。但這麼一來，該如何界定哪些人有參與案子，就是公司必須仔細思考的問題。而這種做法也可能造成，有些員工會挑「下個月比較可能接訂單」的案子參與。

第二，某個業務人員執行的業務，可能要一、兩年才能看到結果，那麼，這個業務到底是誰促成的，誰有幫到忙，都是可能產生爭議的問題。尤其是今天，完成一個業績往往需要跨部門的合作，若只有業務人員得到獎金，有些員工可能覺得不公平。

第三，有些公司會分真正的業務人員和業務助理。真正的業務人員有獎金，那業務助理應不應該有獎金？如果有的話，若之後訂單沒有成交，便會造成助理做好分內的工作了，卻沒有獎金可拿的情況。

面對上述三種狀況，我認為比較好的做法是，每個人都有獎金，只是獎金類型不一樣。**行銷人員或行政人員這樣的角色，本來在工作上就有自己的績效目標，達成目標的話，就會拿到績效獎金；而業務人員的獎金，則是達到業績目標所發放的業務獎金。**

越好的獎金制度，越簡單

儘管現在公司的業務越來越複雜，只要公司的管理到位，好的獎金制度還是可以簡單明瞭。所謂「管理到位」指的是，公司將影響獎金的參數調到適切的的狀態。例如，讓業務人員覺得彼此目標的難易度差不多，那就會是公平的獎金制度。

將業務與產品單位分開，也是一種簡化獎金制度的方式。例如，公司可以在較難銷售的產品上加碼，而不是以產品單位為主，有五種產品就有五個獎金制度。若採取後者的做法，業務人員可能會只集中精力在自己比較會賣，或最好賣的產品上。

此外，公司產品的銷售週期長短，會影響公司是要發放業務獎金，還是績效獎金。一般來說，銷售週期越短，像是六個月以內，就比較適合發業務獎金；銷售週期越長，像是一年以上才能看到業績結果，就比較適合發績效獎金。

獎金制度在企業裡，扮演的是激勵團隊的角色。搭配好公司的策略、對的人才與技術、對的機會，便能激勵團隊往目標邁進。

顧問小叮嚀

發放獎金要注意的事

- □ 獎金只是激勵，不能用它來管理員工。
- □ 應該根據業務策略和業務人員的管理，來設計及調整獎金制度。
- □ 若產品是許多團隊的結晶，應採用目標達成率計算業績。
- □ 銷售部門主管的獎金制度，應有別於業務人員。
- □ 銷售週期短的產品，適合發放業績獎金。
- □ 銷售週期長的產品，適合發放績效獎金　。

一點筆記

....

....

....

....

....

第五部

當部屬覺得工作一成不變時

「怎麼每天都做一樣的事」
「工作好像就這樣了，不上不下」

TIPS

有潛力的員工想要的，是實踐自己的期望與成就感。

18.

授權部屬應該怎麼做？

天來人才管理顧問公司執行長 柯全恒／主答

為了培養資深部屬的能力，我將一些新的專案分配給他們。但有些部屬每做一個步驟，就來問我一次意見，我也擔心某些部屬做不好，總忍不住想問進度。我這樣算有授權嗎？

授權部屬是培養部屬能力的一個好方法。透過授權，主管將手上的任務交給部屬處理，這麼一來就可以讓自己有多一點時間去進行新的嘗試，做更重要的事。

然而，在授權部屬之前，主管必須先釐清授權的定義與目的。授權不是棄權，有些主管會認為，授權之後，自己可以完全不管事。事實上，主管不太可能把所有職權都授予部屬，讓部屬承擔百分之百的責任。**主管給部屬的是「做事情的權力」，部屬有執行任務的責任，但最終的成敗責任，仍然在主管身上。**

授權也不是代理，一般來說，主管想要訓練人才的時候，可能會採用代理或授權的方式，讓員工有機會學習。

然而，從本質上來看，兩者並不相同。代理比較多是跟日常性的管理工作相關，而授權則是針對某一項工作任務。另外，授權有上對下的階級關係，而代理人則有完全的權責，跟被代理的人是同等的關係。

成功授權從選對人開始

在授權時，主管應該衡量部屬的能力，是不是足以被授權？如果主管只是因為工作太多，想要找一個人來分擔，這和助理、秘書沒有什麼差別。美其名是授權，其實部屬只把自己當作協助者，對方自然會每件事都回過頭請示主管。

因此，在選擇人才時，主管就要判斷，誰有機會讓這件事情成功？選到不適合的人才，就只是給自己找麻煩。在選錯人，事情做不出來的情況下，為了讓專案或任務成功，主管還是得跳下來處理。

想要找出適合被授權的部屬，主管應花一些時間，從幾個方向評估人才的潛力，例如，員工解決問題的能力、自我反思的能力、人際的敏銳度、是否能夠接受變革等等。尤其是現在我們身處「ＶＵＣＡ」的時代，環境充滿不確定，樂意接受變革、與變革共生的部屬，才有辦法持續進步。

這樣的人才往往會有拼出結果的決心，遇到困難會想辦法因應，找出生路。這樣的人，自然不會想要那麼快就事事請示，而是會先去找解決方法。

另一方面，優秀的部屬通常也不希望主管過度掌控每個步驟，主管應該要秉持信任原則，用人不疑，疑人不用，並且以結果導向來看事情。即使過程中，部屬處理的方法與主管不盡相同，也不代表結果會不好，也許結果會超出主管預期。

授權的三大重點

在授權部屬之前，主管應該先思考以下三個問題，建立自己的評斷標準，並告知部屬，才能讓部屬更加順利地完成任務：

1. 成功的定義是什麼？

有些主管可能自己也不清楚，想要達成什麼目的。因為沒有勾勒出成果的樣貌，所以在過程中才會想要插手。然而，有時反而會干擾員工做事情的節奏。

主管在授權前，可以先釐清授權的原因與目標。界定清楚工作的範圍、做事方法，希望得到什麼樣的結果？**一開始就要先向被授權者說清楚，你的績效標準是什麼？這樣才能讓部屬把時間花在正確的地方，而不是過度投入在小細節上。**

在界定任務時，主管必須注意，不要把自己該做的事或責任，轉移到部屬身上。例如，在制定績效標準時，雖然要給部屬表達意見的空間，但主管才是最清楚部屬應該達成什麼樣目標的人。若完全交由部屬自己決定，很容易造成員工為了提高達成率，或獲得獎金，制定過低的目標。

2.要給員工多少權力？

所謂的權力不外乎三種：預算、人力、資訊，主管在一開始就要先向部屬說清楚，有多少預算可用、有狀況的時候可以找誰，以及他有哪些資源可以運用。

賦予部屬權力時，最困難的就是衡量權力的區間，過度授權和授權不足都是主管容易有的狀況。給的權力太多、權大責小，例如，部屬需要十個人，主管卻給他二十個人，會導致資源浪費，以及權力濫用；給的權力太小，變成責大權小，部屬做事就會處處受到限制。找不到資源，部屬只能自己慢慢摸索，導致專案進度緩慢，或是做出不符合主管預期的成果。

想辦法讓權責相當，是一項挑戰。主管要評估員工的做事方法、專業能力，再選出適合接受任務的人選。若主管給的資源恰當，員工能力也足夠，授權成功的可能性就比較高。

3. 如何創造責任感？

如果讓部屬認為，主管只是要找他來分擔工作量，他就不會把這個任務看成自己的事。主管應該事先與員工溝通，讓他知道為什麼會把任務交給他，這件事對他有什麼意義與價值。當部屬對於這個工作，抱有所有權的感覺時，就會發揮最大的能力，甚至有機會做到超出主管預期的成果。

在授權時，主管也必須注意，不要出現交叉授權的行為。也就是說，不要授權A以後，因為擔心A做不好，又再交代B做相同的事。這會造成部屬之間的困惑，也會讓部屬對主管產生不信任感。

另外，主管應該盡量逐級授權，避免「跨級授權」。假如高階主管沒有與中階主管溝通好，就直接交辦基層部屬任務，導致中階主管不清楚實際的任務內容，只會造成部屬在進行任務時更加困惑，遭遇困難。

為授權上一道保險

事實上，授權部屬時，主管也把自己需要負責的範圍擴大了，因為有更多時間去處理其他事情，因此主管會產生其他責任。然而，授權給部屬的任務，也不能撒手不管。

主管應該在授權時設下一道保險。例如，某個時間點到了以後，部屬表現出來的能力並不足以勝任，主管就必須決定該換人或是介入。

在一開始就應該思考，怎麼做才能有效控制。例如，為部屬訂下一個期限，如果部屬在期限前達成一定的成果，主管就不干涉他的做事方法；反之，若部屬沒辦法達成，主管就要進行必要的協助。

此外，主管可以預留一段緩衝期，不要將期限訂得太緊，才能在發現部屬的成果需要修正時，有時間挽救這個專案。例如，十二月三十一號要最終定案，主管可以提前一個月，在十一月三十一號就先驗收成果，預留一段時間採取行動、調整專案內容。

主管會授權部屬，就是認為他值得栽培，並且有至少八成的把握，相信他能夠完成任務。然而，在經過一段時間的判斷，若主管發現，部屬過於依賴，表現不如預期，能夠完成任務的可能性只剩下兩成，就必須找他溝通，讓他理解現在的情況不佳，以及下一步你會採取的行動。

例如，原來構想是授權，但現在可能變成讓部屬參與專案，由主管帶著部屬做，部屬可以提供意見，但由主管來做決定等等。

在任務結束後，主管也要留一段時間反思，這次的授權，是不是有哪裡考慮不周全？是不是這個人才被放錯地方，導致成果不如預期？檢討與反思，才能提高下一次授權成功的可能性。

如果授權之後發現成果不如預期，可能會打擊主管對授權的看法，讓主管產生下次不要再授權，乾脆自己做的念頭。可是事必躬親會造成，主管的格局越來越小，工作越來越忙。

事實上，**授權有其必要性。主管的角色應該是去透過他人的力量完成任務，否則就只是個體貢獻者**（individual contributor）。當主管不斷晉升，管理的人越來越多，就必須學會授權，才能培養更多人才，幫助自己和部屬進一步成長，同時也幫助了公司。

顧問小叮嚀

授權的4要3不要

- O 界定清楚工作範圍
- O 提供部屬適當的資源與權力
- O 為員工創造所有權
- O 為授權上一道保險，預留修改時間
- X 交叉授權，讓A部門和B部門做一樣的事
- X 越過下一階主管，跨級授權
- X 一次授權失敗後，就放棄授權

一點筆記

....

....

....

....

....

19.

如何避免工作輪調的副作用

前宏智國際顧問公司亞太區資深顧問 萬子綾／主答

我們公司想透過工作輪調，為員工創造新的刺激和挑戰，但又擔心某些員工會對新工作適應不良，工作表現反而沒有以前那麼出色。我們可以怎麼做？

以前大家總認為，輪調只是為績效不好的員工創造出口：某個人現在表現得不理想，就透過輪調讓他換個位子做做看。事實上，若公司能有計畫地堆動輪調，輪調會是一個培養高績效人才的好方法。

透過輪調，公司可以幫助員工，在組織內找到真正合適的位子；或者，也可以讓未來將肩負組織重任的高潛力人才開闊視野、跨出舒適圈，並對公司的全景擁有更進一步的了解。

輪調可以分成非計畫性與計畫性。非計畫性輪調指的是公司某個部門出缺，公司從內部尋找能補上缺口的人；計畫性輪調則是公司早就規劃好，哪個人要輪到哪個位子，員工會知道自己什麼時候要被輪調，擁有事前準備的時間。

許多中小企業都採用非計畫性的輪調，但這可能會讓員工十分辛苦。因為出缺通常都很急迫，公司緊急輪調，會造成被輪調員工的單位措手不及。若非計畫性輪調一多，大家會感到反感。相反地，若是詳細規劃過的計畫性輪調，員工往往能獲得全面性的發展。許多知名企業都運用這樣的方式，培育未來的高階主管。例如，營運副總經理必須具備產、銷、人、發、財的基本概念，才有辦法看清大局，輪調就能在這時發揮作用。

雖然輪調能為公司和員工帶來許多好處，但同時也可能造成許多副作用。例如，主管A不願意讓部門內的高績效員工，輪調到主管B的部門，兩位主管因而鬧得不愉快。或者，某位員工本來在原部門表現優異，大家認為他去另一個部門也不會有問題，結果該員工卻因為適應不良而離開，讓公司損失了一名人才。

該怎麼做，才能減緩副作用，讓輪調發揮最大的效益？公司不妨參考以下三個做法：

1. 將輪調變成一種制度

輪調對公司來說，一定會有一些折損，這是大家必須做好的心理準備。每個部門都可以想到正當的原因，避免自己的優秀人才被輪調，而且也都是事實。例如，在研發部門，主管可能表示，若某位員工輪調，新產品會做不出來。因此，在進行輪調前，公司應該先定義一些跳板職位。

例如，若某位銷售人員負責三個大客戶，而這些客戶關係到公司整年的營業額，這個職位就比較不推薦輪調。相對地，若某位銷售人員服務的對象是一般大眾，失去一、兩個顧客並不會對組織造成太大的影響，這種類型就是適合輪調的職位。

將輪調變成公司的一項制度，可以避免主管不想放人，或是各部門搶人才這樣的爭議。舉例來說，某家公司推行的輪調制度是，當主管職出缺時，不是升遷員工來填補空位，而是先採用輪調，讓其他主管來接這個位子。公司讓資歷較淺的主管先進行輪調，以避免等到員工工作了二十年後，負責了很多無法放下的重要事務，這時輪調就會變得困難許多。

此外，如果員工想升遷，他必須在兩個不同的團隊分別工作兩年，才符合晉升資格。這裡指的輪調不一定是跨功能的輪調（例如行銷調到銷售），也可以是功能內的輪調（像是從紙本編輯調到網路編輯，轉換不同的平台）。公司不鼓勵員工在同個地方一直做同件事情，希望他們能多一些歷練。當輪調制度變成組織文化的一部分時，大家就會視計畫性輪調為常態。

最後，如果某位員工連續三年都表現得很好，公司只要開缺，他就可以應徵，即便沒有職缺也可以先報名。一般來說，輪調通常都是高階主管做的決策，然而透過讓員工自己選擇輪調這種方法，公司可以化被動為主動。這也能讓員工了解，想要輪調就要先把自己的工作做好，如果績效很差，就不符合資格。

這種方法杜絕了主管「我不想放走最好的員工」的心態，因為制度告訴大家，三年後，選擇權不是握在主管手上，而是員工自己決定。主管也不能藉著輪調，試圖把表現最差的人丟出去。

2.檢視人格特質與能力

輪調常碰到的另一個問題是，接受輪調的員工因為對新職位過度樂觀或悲觀，導致接下職務後，表現不甚理想。想要降低這一類副作用，公司可以提供能力測驗或人格特質測驗等工具，幫助員工及主管了解，輪調的安排究竟合不合適。例如，從能力測驗中，主管可以知道某位績效不好的員工，其實可能擁有做好另一項工作的能力。

要注意的是，這裡的能力指的並不是技術知識，而是行為。舉例來說，某個人的決策能力很好，並不是因為他做的決策最後都能產生好的結果，而是他在決策的過程中，有做到下列幾項行為：一、定義問題；二、蒐集資料；三、解讀資訊；四、產生方案；五、選擇；六、邀請其他人參與；七、在時限內做出決策。

決策的內容可能需要了解產品或顧客的相關知識，但這些都可以輪調後再補足。重點是員工有沒有辦法在決策過程中展現這些行為，若可以，就代表他擁有決策能力，而決策的結果通常也都不會太差。

因此，在職位輪調前，主管應該先釐清，現有和新的職務角色，可能需要哪些能力。以業務主管來說，首先，可能是具備良好的人際關係管理能力；第二，與員工擁有良好的互動；第三，富有影響力。部門領導人應該從能力面來篩選輪調的員工，而不是執著於對方有沒有相關知識。若只從知識面考量，幾乎沒有人適合輪調。

舉例來說，某位公關部門的職員沒有業務的經驗，也不具備與客戶有關的各種知識，但因為常協助主管處理對外事務，所以他擁有很好的人際互動技巧和影響力。這時，業務部的領導人就能考慮，讓這位職員先進到業務單位，之後再告訴他客戶有什麼特性，業務流程是什麼，以及需要運用哪些表單系統。

除了檢視能力之外，人格特質也能幫助員工和主管，評估輪調的可能性。人格特質可以分為光明面與黑暗面，黑暗面通常是壓力很大時才會爆發出來，例如，主管可能會變得比較自負，覺得部屬應該都要按照自己的方法做事，或是有些人會變得情緒化。這些特質可能在他原來舒適的工作環境下，比較不會出現。

以高階主管來說，他們遇到的問題往往都與人格特質有關。例如，某位主管壓力一來就會罵人。這時，部門領導人就要考慮，這種做事風格適不適合該職位？

若這個職缺是需要管理兩萬名前線員工的工廠主管，需要比較強硬的管理作風，可能就還可以接受；但如果你需要的是一位研發主管，面對的都是很有主見的工程師，這種管理方法就沒有什麼效果。

若是跨國輪調，還要考慮文化配適度的問題。例如，印度可能對守時比較沒有這麼嚴謹，這時，若公司讓一位紀律很好，非常要求時間精準的員工調派到印度，他可能會適應得很辛苦。

3.提供預覽工作的機會

當員工提出輪調後，通常會有六個月的交接期。在這段期間內，主管可以提供輪調員工工作預覽（job preview）的機會。例如，某位部屬要轉到業務部門，主管可以讓他到業務單位待一天，體驗業務的工作實際上是什麼樣子。

在體驗的過程中，員工可能會發現自己其實不喜歡這個職位，這時還能及時喊卡。延續上述的例子，很多人可能認為，業務工作就是每天往外跑，但財務預測也常常是他們的重要工作之一。因此，若某位員工只是喜歡與人交際，卻不喜歡數字，便很難成為優秀的業務人員。工作體驗能幫助員工發現，原來之前不小心忽略了哪些事情。

另一種體驗工作的方法是參與專案。舉例來說，某項專案可能需要與業務單位合作，而在執行的過程中，員工便可以對業務端的思考方式，會做哪些工作，以及做事風格，有一定程度的了解。

兩個不行，換三個試試看

若公司以前都採用非計畫性輪調，現在開始想推行計畫性輪調，這時，建議公司可以從三角輪調開始著手。許多輪調都是兩個單位互調，這樣的方法雖然簡潔明瞭，但若兩個功能單位性質非常不同，員工可能會比較難適應。

舉例來說，編輯單位和業務單位就很難彼此互調。但若採用三角輪調，將行銷部門也加進來，讓業務到行銷、行銷到編輯、編輯到業務，就能創造比較不一樣的角度。

此外，若公司的輪調是為了培育未來的高階領導人，要特別注意，別將潛力員工放在會暴露他缺點的職位太久。舉例來說，假設業務的數字面是該人才較弱的地方，那公司就應該縮短他待在業務單位的時間。不然時間一長，該員工可能就變成了績效不好的人，失去了原有的自信。

在推行計畫性輪調時，建議公司上述三個方法都嘗試，不要只執行一個，這樣才能比較全面地為輪調員工及用人單位做好準備。若能有效降低輪調的副作用，輪調制度將為公司創造很大的價值，也能協助員工發展職涯，推動他們不斷成長。

附錄 為每個職位寫份SOP

想降低輪調後的折損，公司可以善用標準作業流程（SOP），幫助員工更快上手。如果一位員工把所有東西都攬在手裡，新輪調進來的員工什麼都沒有，這樣不僅會影響公司作業，對員工來說也是很大的負擔。

SOP必須清楚地列出，完成某項工作的每個步驟，例如，第一步要先做什麼，接下來要做什麼。這些步驟中會牽涉到誰，上游需要提供什麼東西，產出的哪些東西會進到下游，以及執行這項工作時有哪些工具、表單、設備可以運用，在哪裡能夠找到這些資源，都應該明確地寫出來。

每種職位的SOP詳盡程度不一，公司應該視不同職位與不同的工作性質，適時調整。例如，作業人員因為人數眾多，某些操作步驟又很複雜，所以SOP的內容往往也較詳細。而工作內容比較著重判斷，例如編輯的工作是採訪和寫稿，這就不太可能列出非常詳盡的SOP。

顧問小叮嚀

如何提高輪調的成功率

- □ 輪調一定會有折損，公司必須先定義一些跳板職位。
- □ 將輪調變成制度，讓大家視它為一種常態。
- □ 輪調前，領導人先釐清職務角色需要哪些能力。
- □ 提供能力與人格特質測驗，協助判斷輪調是否合適。
- □ 提供預覽工作的機會，讓輪調員工體驗新職位的工作。
- □ 讓輪調員工參與專案，了解新單位的行事風格。
- □ 運用三角輪調，增加輪調的可行性。

一點筆記

20.

如何培養我的接班人

前台灣安捷倫科技人力資源處副總經理 卓勝國／主答

一年後公司預計把新城市的分公司交給我負責，並希望我提出可以接任我現在位子的幾位部屬。我該怎麼尋找合適人選，又該如何訓練部屬成為我的接班人？

許多企業主管一定有這樣的深刻感受，平日忙著帶領團隊創造績效，但是當公司成長到一個階段，公司期待主管擔負更大的責任時，主管卻發現後無來者，沒有合適的人選可以接下棒子。

這也就是為什麼，有越來越多的國內企業開始重視接班人計畫。因為他們發現，企業若要永續經營，除了人才管理、績效管理之外，接班人計畫更是企業成長路上，不可忽視的議題。

當主管開始著手培養接班人時，很重要的一點就是挑選合適的人選。原則上，主管應該根據員工績效表現，以及主管平日對於部屬的能力、意願和自信心等了解，來選出合適人選。

如果主管到了要培養接班人時，才回想半年前與員工進行績效面談時，員工當時的狀況，這代表主管對員工職能各方面的掌握度，還沒有到位。因此，主管應在平常時觀察部屬的表現，並且至少每季一次與部屬進行一對一對談，了解員工的工作狀況與想法。

能力與意願未必成正比

在找出可能的接班人選後，主管首先要與部屬進行一對一面談，了解部屬的意願，因為員工的能力和意願未必是成正比的。

例如，主管上個月交代部屬完成一件事情，他做得很好，但是，這個月部門剛做完考績評比，部屬覺得他過去的貢獻沒有得到相對的回饋。所以他可能能力還在，但是意願已經降低了。

還有一種狀況是，員工很優秀卻不願意擔任主管，因為他看到主管每天所面對的挑戰與困難，並不是他期待的工作內容。透過一對一面談的機會，主管可以讓他了解，擔任主管可能會得到什麼，但是相對的代價又是什麼，讓員工自己決定是否加入儲備的接班人行列。

其次是，主管要與接班人溝通，公司對一個主管或領導人的期望，以及應該要扮演的角色是什麼，因為主管與員工看事情的角度往往會不同。主管也要讓接班人知道，除了要把自己原本在做的事情做好，身為一個主管，還必須做的其他事情，例如溝通協調，甚至有時需要做一些痛苦的決定，包括資遣員工。

或許不是每個公司都有主管角色的規範，可是至少主管可以從自己的經驗告訴部屬，主管應該要扮演什麼樣的角色，讓他知道他是這樣被期待的。

最後，主管要讓員工知道，他與員工共同擬定這個接班計畫，是因為員工展現出興趣，而且根據員工過去的績效，主管也覺得他有機會。然而，主管沒有辦法跟他保證未來的接班人一定是他，因為接班人選可能有好幾位，結果也不是主管自己一個人可以決定。

視員工狀況，調整領導風格

員工的職能和意願是會改變的，主管培育員工，必須視員工狀況調整領導風格。例如，典型的四種領導風格包括，從主管牽著員工的手做事的「指導」，到「教導」，到「支持」，一直到最後主管能夠放手「授權」員工自己去做，主管不能對員工永遠都用一樣的方式。

例如，可能員工原本是從事研發，表現也很好，但是今天主管要他擔任業務跑客戶，他就變成新手。他的表現可能從天堂掉到地獄。

在員工做這件事的過程中，主管不能只是看結果，過程中至少要自己帶他做過一遍，或找一位資深員工帶他做，第二次才漸漸放手。然而三個月後，可能員工的能力提升了，他的意願和自信心卻往下掉，因為他可能碰到了打擊或潛規則。

這時，你就不能只是帶著他做，你可能要鼓勵他，給他更多資源。例如，建議他某個問題可以請教哪一位員工。做了幾個月以後，員工在各方面都到位，主管就不太需要管他了，等他碰到問題，再給他一點提示與建議。最後，員工已經很熟練了，主管就可以授權給他。

要注意的是，主管授權給部屬後，仍要持續關心員工的工作狀況，主管應定期與部屬進行討論。這可以分成以下兩種方式：**第一種是，主管**

帶領團隊一起檢視團隊的績效，甚至是個人績效。基本上，可以量化的數據，都應該是能公開的資訊，例如業務團隊成員的業績達成率。在「質」的部分，團隊也可以在會議裡討論，一起交流客戶資訊，主管也可以給予表現好的員工正面鼓勵，讓員工有機會分享他為什麼成功，達到激勵員工的效果。

第二種則是，主管與員工至少每季進行一次一對一面談。當員工的績效或工作狀況不佳時，就不適合在會議室裡公開討論，因為這可能會讓員工覺得丟臉，因此對於他的行為改變是沒有幫助的。

在進行這方面的討論時，內容要針對事實，而不是空泛地說：「我聽某人說你那個專案做得不夠好。」這會讓員工抓不到重點。比較好的說法是：「我觀察到你在服務客戶時，沒有按照公司的規定，忽略了與客戶再次確認出貨日期，導致客戶抱怨的狀況。」

主管說完，也要聽聽員工意見，了解員工的認知是否與自己不同。當雙方對於這件事情有共識後，接下來再談，員工認為可以如何改善這個狀況，以避免下次再犯一樣的錯誤。運用這種教練式領導的方式，主管要讓員工知道團隊的目標是什麼，以及對員工行為的要求為何。至於怎麼改善，可以讓員工自己去思考。

機會教育，傳承隱性知識

每季一次與員工的對談，只是一個下限。一個好的領導人，會在平常就透過機會教育，針對一些事情與員工討論。例如，有些公司的業務同仁不一定每天進公司，如果主管都在公司內，有時無法理解部屬面對的是什麼樣的環境和挑戰。部屬可能常常得穿著無塵衣一至兩個小時，與客戶討論改善方案。因此，主管如果有時間，可以和部屬一起拜訪客戶，目的不是監督部屬，而是為了了解他和客戶談些什麼，甚至可以認識客戶，聽聽來自客戶的第一手訊息。

透過這個方式，主管能觀察部屬如何與客戶互動，並聽取第一線客戶的聲音。透過與部屬一起拜訪客戶，可以幫助主管對市場維持一定的了解。同時，主管也會有機會把隱性知識傳承給部屬，提醒部屬哪些地方可以調整，或者換一個方法試試看，說不定案子會更順利。隱性知識的傳承沒有速成法，必須一點一滴地累積。

一般來說，接班人計畫是要長期持續進行的，公司不能只看短期的績效表現。看一個人是否達到接班人的水準，主要應該要看他行為的改變。然而對一個成年人來說，很多觀念都已經根深蒂固了，改變行為往往需要一些時間。

倘若過了一段時間，主管觀察部屬的表現真的不如預期，已超過了事前設定的停損點，主管要趁早讓員工去做原來適合他的工作。

避免造成人事地震

進行接班人計畫時，常見的問題就是「一人得道，雞犬失散」。主因包括，其他員工對這個接班人選並不信服，因此就算他成為主管，也會導致團隊合作不佳，或者使其他員工選擇離開。

因此，**挑選接班人選時，需要從公司績效制度中，挑一個績效相對好的人，並且主管要讓接班人有機會成長，立下戰功。**雖然無法保證讓每個人都信服他，但至少要讓影響程度降到最低。

幫助員工立下戰功的方法有很多種，建議可選擇跨部門的大型專案，或者重要專案。主管也可以在這個專案中，讓接班人協助自己完成一些比較重要的工作。

除了幫助接班人學習成長，讓他在跨部門間建立戰功，主管也可以藉此了解接班人是否可以扛得起挑戰。當專案完成後，員工們都會知道這位員工可以把具有挑戰性的工作做好。之後，主管升他為新主管，大家也就沒話講了。

還有一個常見的問題是，公司根本沒有接班人計畫，或者有計畫但沒有很投入，這樣，員工就不會認真看待這件事。原因大多是，公司現階段重點還是在追求獲利，認為人才培育要投入很多錢，不一定能很快看到成果，因此傾向直接從外面挖角人才，或者是因為公司升遷決策皆由最高主管指定。

培育沒有捷徑

事實上，進行接班人計畫不需要花很多金錢，重點在主管是否願意投入時間培育人才。**好的主管至少要花四〇％至五〇％時間在培育人才上**。如果公司只看營收數字，不在乎人才，會發現幾年以後，主管還是常常要花很多時間幫部屬解決問題，做決定。

此外，接班人計畫也可以帶來留住優秀員工的效果。儘管公司給績效最好的前二〇％員工，良好的薪資福利，但是永遠有付得起更高薪資的企業，會與公司爭搶人才。

如果公司可以給他們自我實現的舞台，讓他們知道自己可以對組織或社會產生多大的貢獻，就可以強化他們持續在公司服務的意願。另外，也有些公司會認為，人才去外面挖角就好，但這看在內部員工眼裡，可能會覺得老闆並不看重內部員工，因而會影響團隊士氣。

十年樹木，百年樹人。培育員工沒有捷徑，只要每天多投入一些時間培育部屬，主管就可以擁有更多時間思考重要議題，迎接更大的挑戰，進而帶領團隊開創佳績。

顧問小叮嚀

培養接班人時，應留意的5件事

- □ 尋找接班人人選時，也應該將對方意願納入考慮。
- □ 主管必須讓候選人知道，公司對於主管的角色與規範。
- □ 主管應把握機會，在日常工作中傳遞隱性知識給候選人。
- □ 主管可藉由指派重要工作，協助候選人建立戰功。
- □ 應事先設定停損時間，以觀察並確認候選人是否適任。

一點筆記

21.

A或B，應該升遷誰？

前雀巢大中華區人力資源資深副總裁暨合資企業人力資源整合官 陳雲雀／主答

A員工的人際關係很好，和同事合作愉快，但在技術能力與策略思維上，比不上B員工。B員工雖然能力優秀，卻因個性問題，同事們都不太喜歡他。我應該拔擢哪一位部屬呢？

許多公司在拔擢人才時，都會陷入這個難題：沒有人能完全符合我的要求，那麼，我到底該選A，還是選B？事實上，不可能有人能完美地符合某個職位的要求，因為員工一定都會有各自的特質與缺點。

所以，當負責人要選擇升遷的人選時，應該看看，這個職位需要什麼樣的職位成功概廓（job success profile），也就是說，接下這個職位的人才，需要擁有哪些知識技能與特質。

在選擇到底該拔擢哪位部屬之前，主管應該先考慮以下兩個因素：

■公司現在處於事業週期的哪一個階段。以前我們都說，要把對的人，放在對的位子上，然而，現在應該再加上一個條件：要在適當的時機，把合適的人，放在正確的位子上。適當的時機對拔擢人才來說非常重要，因為組織的發展有週期性。一個新創公司所需要的人才特質，跟一個擁有相當規模、處在穩定時期的公司，所需要的人才特質，是非常不一樣的。

■未來組織的發展，需要什麼特質的人才。若公司仍處於開發階段，且在短時間內，必須完成一些特定目標時，也許在這個時間點，擁有廣大人脈的優點就不是最重要的考量，反而是知道公司策略，知道如何幫助公司創造未來的人才，會比較優先考慮。

拔擢人才的四大盲點

在了解公司的情況以後，主管便可以開始思考合適的候選人。拔擢人才並不是單純地二擇一的選擇題，這是許多人都會不小心踩到的陷阱。導致大家落入這項陷阱的盲點，主要可以分為下列四項：

1.主管與員工之前的關係。在考慮職位的候選人時，主管可能會因為之前和某幾位員工的關係比較好，而忽略了其他部屬，這是很常見的情況。身為人類，我們都會有個人的主觀意見，也會在意人際關係。因此，主管在評斷候選人時，應該以客觀的角度，檢視部屬的工作績效與潛力，避免類似的情況發生。

2.時間的壓力。若今天這個職位對公司來說非常重要，且要調開或離職的這位主管，沒有給公司太多時間尋找合適的接班人，那麼時間的壓力就產生了。在這樣的情況下，負責人往往會為了盡快交接，被迫先選一位員工補上空缺，其他的以後再說。

3.單一要素影響整體觀察。許多主管常常會有一個盲點，認為某位部屬的某一點很好，所以他可以勝任要職；相反地，若部屬的某一點不好，就認為他不適合這個職位。比如說，主管因為某個員工的人脈不好，所以淘汰他。然而，主管並沒有去了解，雖然這位員工的人脈不好，但對方是不是有其他對這個職位來說，很重要的特質。有時候，人脈、領導力，或是專業知識等單一要素，會讓主管不小心忽略了員工的整體表現。

4.人才的潛力。很多主管可能會因為，某位員工過去的績效很好，對完成公司目標幫助很大，所以當管理階層有職位空出來時，便很自然地想到他。過去的成就是公司拔擢候選人的必備條件，但是，他究竟能不能成功勝任這個職位，公司也必須觀察他所擁有的潛力。

除了績效，還要看潛力

在決定要拔擢哪位部屬時，主管應該先考慮兩個面向：部屬持續的績效表現，和他們的發展潛力。績效表現因為每年都有紀錄，所以並不難評斷；相較之下，潛力卻不易評估。因此，過去我在雀巢公司工作時，公司為了幫助主管有效地判斷部屬的潛力，便運用了光輝國際集團（Korn Ferry）的人才潛力評估工具。

想要判斷人才有沒有潛力，主管可以從觀察部屬的學習敏捷度著手。學習敏捷度指的是，員工能否成功應對，並有效地處理第一次面對的狀況。也就是說，主管依據這位員工過去的表現，推斷要是把他放在新的位子上，讓他第一次處理某件事情時，他能不能承擔這項工作。學習敏捷度包括了四個面向：

4大面向，評估人才的潛力

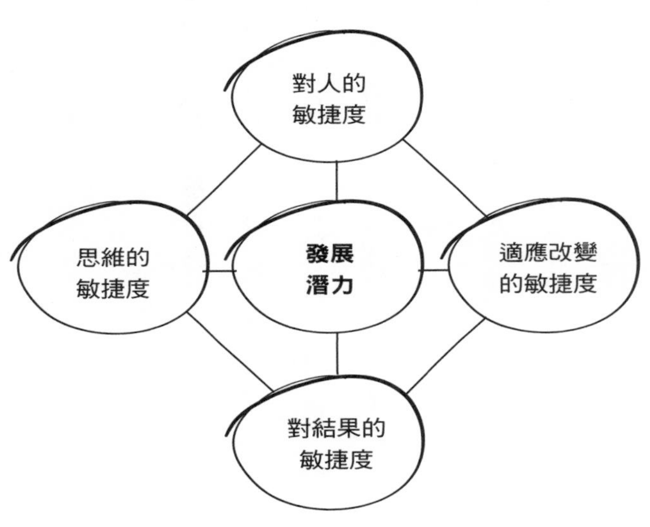

1. 對人的敏捷度

主管應該觀察員工，看看他們對自己的上司、周遭的同事或是部屬，有沒有辦法進行良好的溝通，處理衝突，並持續地追求進步。以前這些員工所帶領的團隊，規模可能很小，現在升上這個職位後，他們可能需要帶領好幾個不同功能的部門，他們有沒有辦法和不同型態的人打交道？

此外，當主管要拔擢某位員工時，也應該試著評估，對方在當上主管後，有沒有辦法幫助他的部屬學習，發展他們的能力，或是看出他們的潛力。

2.適應改變的敏捷度

當某位員工晉升到管理階層時，他要盡快掌握如何領導他人，尋求可以改善及持續成長的空間，以創造最高績效。或者是，若這個部門過去的表現，沒有達到公司想要的標準，他會如何率領部門轉型，以符合公司的需求。

作為主管，一定要勇於挑戰現況。若員工升上管理階層後，只是沿用過去該職位主管的做法，組織便不會有所成長。新主管應該思考，既然現在能負責更多事務，那自己該如何領導部屬，幫助組織用最少的資源，創造最大的效果。

3.對結果的敏捷度

若想知道某位員工是不是擁有對結果的敏捷度，主管可以看看他過去，有沒有持續地、積極地達成每一年的績效目標。他是否對自己的工作抱持著主人翁態度（ownership），不會把事情推給別人，甚至會主動找事情來做。或者是，他的團隊會不會以積極的態度，去面對並完成困難的任務。

另外，主管也可以透過這位員工過去的點點滴滴來預測，他未來的表現是不是能夠達到這個職位所需要的標準，甚至是超出標準，比原來要求的做得還要好。

4.思維的敏捷度

舉例來說，若某位員工能以簡單、清楚的方式，將公司的一些新產品介紹給顧客，那未來，當他需要負責好幾種不同產品時，他是否也能以很清楚的思路，輔導部屬將複雜的事情，用簡單清晰的思路說明，提高團隊的銷售業績。

透過這四個敏捷度，主管可以用員工過去的行為來推斷，他們未來有沒有辦法勝任管理職位。以文章開頭的例子來說，我們知道B員工的人脈不好，那麼主管應該看看，他對人的敏捷度是不是全部都有問題。比如說，他對外面的關係是不是也這麼差，還是只有對內？或者，他是不是沒辦法處理員工間的衝突，還是他自己就是衝突的製造者？若這個部門很講求對外的互動，例如政府關係、媒體、客戶等等，他會用什麼樣的態度處理對外關係？

評估「未來成功機率」

雖然過去的績效和學習敏捷度，都能幫助主管找出適合拔擢的人才，然而，最終的決定權，還是得依靠主管自己的判斷。在評估完人才的績效與潛力後，主管應該將職位成功概廓所需要的特質，跟評估的結果互相比對，預估這些候選人未來成功的機率有多大。

尋找管理人才，並不是想做的時候才做的功課。公司應該將它變成

每一年都要執行的行動。也就是說，若去年的績效表現在今年年初出爐，那麼公司在年中的時候，就應該重新評估員工。將中高階主管，或者是有機會變成中高階主管的人才績效資料，以及潛力評估資料拿出來，擬定重要職位的接班人計畫。

公司必須幫助表現良好、富有潛力的員工，規劃他在組織的未來。因為有潛力的員工想要的，並不是每年調薪的那幾個百分點，而是實踐自己的期望與成就感。雖然不是人人都可以成為創業家，但公司可以透過為員工規劃未來，讓他們發揮創業家精神，在組織內創造自己的事業。

附錄

人才評估的4大挑戰

當主管在進行人才評估時，往往會碰到下列四項挑戰：

1.缺乏技巧，虛應故事

某些主管只是為了應付人力資源部門的要求，才勉為其難幫員工打一打分數，代表自己落實了人才評估流程。事實上，發展與培養部屬，也是主管的一項重要職責。

2.沒有時間

許多主管因為工作繁忙、壓力大，所以一直把評估與培育人才，擺在第二順位。然而，他們沒有意識到，當自己的團隊越強，員工的工作越穩定的時候，反而可以減輕他的工作壓力，讓自己變得更輕鬆。

3.不知道該如何補齊差距

當員工剛進入管理階層時，通常仍有許多地方需要補強，例如領導力，或是激勵部屬的技巧。不過，許多主管並不知道該如何幫助他們補齊這些差距。

面對職位較高的員工，主管可以嘗試以教練的方式輔導他們，提高補足落差的成功率。

4. 心態問題

有些主管怕自己被太強的部屬取代，所以不願意培養員工。但他們沒有想到，若沒有人能接替自己的位子，那公司也不可能將他們拔擢到更高的職位上。

一家企業要長青，靠的都是人才。若主管無法協助部屬發展，他們在組織裡看不到自己的未來，遲早會選擇離開；相反地，若主管抱持著健康的心態，看見與包容部屬的優缺點，協助他們成長發展，員工可能會因此感謝你，更加盡心盡力地為組織付出。

顧問小叮嚀

升遷部屬的3大挑戰

挑戰1 不清楚該職缺所需要的人才特質

→ 請人力資源部門定期更新工作說明書，並在尋找人才前，先與主管一起核對資料正不正確。

挑戰2 沒有掌握公司的長期人才發展機制

→ 不能在職位空下來時才找人，應該長期規劃，並落實重要職位的接班人計畫。

挑戰3 部屬的能力與將要上任的職位仍有落差

→ 學習教練技巧，即時發展部屬技能，並設計完善的職前與上任養成計畫。

Part5

當部屬覺得工作一成不變時

5大領導現場，顧問就在你身邊

21堂主管必修的
帶人學

採訪撰文	EMBA雜誌編輯部 （黃卉昂、陳映華、陳映汝、賴思穎、詹舒伃）
總編輯	方素惠
責任編輯	陳映華
校對	詹舒伃、池明軒
設計	林琬昀
出版者	長河顧問有限公司
地址	105台北市南京東路五段213號7樓
讀者服務	(02)2768-0105
E-mail	service@emba.com.tw
網址	www.emba.com.tw
傳真	(02)2766-6864
劃撥帳號	50319336長河顧問有限公司
製版印刷	久裕印刷事業股份有限公司
總經銷	大和書報圖書股份有限公司　電話：02-8990-2588
出版日期	2022年5月15日第一版第一次印行 2023年4月10日第一版第三次印行
定價	420元
ISBN	978-986-91403-5-5（平裝）

EMBA 雜誌網址 | www.emba.com.tw

EMBA雜誌
網路書店

讀者服務專線
02-2768-0105